もし孫子が現代のビジネスマンだったら

現代ビジネス兵法研究会　代表
安恒　理
Osamu Yasutsune

フォレスト出版

はじめに――なぜ『孫子』はビジネスに役立つのか？

中国古典の『孫子』は兵法書として最高傑作といわれていますが、それゆえ現代でも幅広く読まれています。

単に兵法書というだけでなく、ビジネスの現場で大いに役立つところにその秘密があります。

『孫子』が書かれたのはおよそ二五〇〇年前。

当時、中国は戦乱に明け暮れ、そのなかから数多くの兵法書や思想書が生まれました。従来の兵法は、武運によって勝敗は決するという思想が強かったのですが、『孫子』は、「人為によって勝敗が決する」と断言。勝利への道筋を見事に理論立てているのです。

ただ、**いたずらに戦争を起こすのではなく、とてつもない被害をもたらす戦争はできるだけ避けて、自らの利益だけでなく相手方の利益を最大限に高めること、平和を求める**のが『孫子』の神髄です。

数多くの戦いのなかから得られた戦略・戦術だけでなく、徹底的に人間そのものを研究、分析し尽くしており、そのため、戦場における人間心理が現代のビジネスや政治といった諸場面にも当てはまるのです。

実際、現代のビジネス現場で「孫子の兵法」を活用しているビジネスパーソンは数多くいます。

たとえば、ソフトバンクの創業者で社長の孫正義氏やマイクロソフト創業者、ビル・ゲイツ氏も『孫子』を熟読し、活用しているといわれています。

私はビジネスパーソンや経営者を対象とする雑誌の編集に長年携わり、数多くの方々に取材してきました。ビジネスで成功してきた方々です。その成功の軌跡をたどると、「孫子の兵法」のノウハウに重なるケースが多々ありました。

その成功者が孫子を意識していた、いないにかかわらずです。

本書では、**現代のビジネスや政治、外交の場に応用して「孫子の兵法」を紹介**していきます。

本書のタイトルにある、もし孫子が現代のビジネスマンだったら、どんな判断を下し、どのように対応していくのか？

現代のビジネスシーンにおける課題を具体的に取り上げながら、孫子が課長としてアドバイスしていきます。

本書があなたのビジネスにお役に立てたなら、著者としてこれほどうれしいことはありません。

なお、このたび**「孫子の兵法」の全原文および私が訳した全訳**（PDFファイル）**を無料プレゼント**としてご用意しました。詳細は本書巻末ページをご覧いただき、**http://frstp.jp/sonshi よりダウンロード**してください。

もし孫子が現代のビジネスマンだったら◎目次

第一章

相手をよく観察し、状況をしっかり把握する

第三章 この嘘にダマされるな

第五章 情報をうまく伝え、相手をコントロールする

装幀◎河南祐介（FANTAGRAPH）
本文＆図版デザイン◎二神さやか
ＤＴＰ◎株式会社キャップス

序　章

『孫子』は、
「情報」に重きを置く

『孫子』とは何か？

具体的な話に入る前に、『孫子』についてもう少し詳しく説明しましょう。

著者とされる孫武が生きていたのは、およそ紀元前五〇〇年頃。春秋時代末期にあたり、戦乱の世でしたが、さらに世は乱れ戦国時代へと突入していきます。この春秋時代には数多くの学者を輩出し、いくつもの学派を生み出します。これらは総称して諸子百家と呼ばれ「儒家」や「道家」「法家」「兵家」などの学派がひしめき合っていました。儒家では『論語』や『孟子』といった中国古典が生まれ、道家では『老子』『荘子』、法家は『韓非子』を生み出します。

『孫子』は兵家の書として『呉子』などと並んで世に出されました。

著者の孫武は、呉の国の王・闔閭《こうりょ》に仕え、その力を存分に発揮。呉は列国を次々に打ち倒していきます。孫武は呉の国において将軍としての名声を高めたのでした。歴戦のなかから戦略の本質を見抜いた孫武の理論は、実戦でその有効性が証明されたのです。

孫子が最も言いたかったこと

『孫子』は全十三篇から成り立っています。

最初の三篇「計篇」「作戦篇」「謀攻篇」は、戦う前の準備や心構えについての説明です。

次の「形篇」「勢篇」「虚実篇」は、勝利に向けての態勢づくり。

あとの七篇は、より実戦的な戦場における軍の動かし方などについて説明しています。

すべて自国・自軍を勝利に導くためのノウハウを説いていますが、その前提として、「戦争はできるだけ起こさない、それに越したことはない」

といっています。


「兵は国の大事であって、死生の地、存亡の地なり。察せざるべからず」（計篇）

「孫子」を構成する十三篇

計篇	戦う前に心得ておくこと、準備しておくこと。その計算や計画
作戦篇	戦う前に戦費や武器、兵員などどのように見通しを立てるか
謀攻篇	戦う前に「はかりごと」でいかに有利な立場に立つか、さらに屈服させるか
形篇	どのように軍のあり方をとるか。不敗の陣形や態勢の整え方
勢篇	戦いにおける「勢い」と、その勢いの引き寄せ方
虚実篇	どのようにして敵の「虚」を突くか。敵の隙や手薄の守りをどう攻めるか
軍争篇	軍をどのように動かして主導権を握るか。具体的な戦法
九変篇	指揮官は状況の変化にどう対応していくか。九つの状況について
行軍篇	地形に応じた行軍のあり方。敵情の視察の重要性も説く
地形篇	それぞれの地形に応じた「陣形」の取り方、作戦の立て方
九地篇	九種類の土地の状況に応じて、兵士の心理を踏まえた上での作戦行動
火攻篇	勝つための火攻めに加え、水攻め、さらに戦後処理についても
用間篇	「間」すなわち「間者」(＝スパイ)の種類と使い方について

戦争は国家の一大事であり、国民の生死、国の存亡に関わるもの。よくよく慎重に見極めなければならない、という意味です。

これは冒頭の言葉で、戦争を起こすには熟考を重ねる必要があるとしています。

孫子が目指すところは、**「戦わずして勝つ」**ことにあるといっても過言ではないでしょう。

他の兵法書が単純に目先の戦いに勝つことを目標とする「戦術」に重きを置いているのに対し、『孫子』は、国家の運営という大所高所から戦争という外交の一手段を俯瞰《ふかん》しているのです。

そのキーポイントは**「情報」**です。

敵と味方を比べる5つのポイント

戦争という一大事に臨むには、その前に統治の面で次の五つのポイントで自軍と敵方と比較するようにします。

その五つとは、次のとおりです。

◉**「道」**（人民とその上に立つ指導者が一致団結しているか）
◉**「天」**（自然現象）
◉**「地」**（戦地の地形）
◉**「将」**（指導者の器）
◉**「法」**（軍の規律）

為政者や将軍、指導者など上に立つ者は、以上の五点で敵味方双方の状況を綿密に把握します。

もっと具体的に比較するポイントを説明すると、次のようになります。

◉**「道」**……人民と為政者が心を一にしているか。これは兵士が危険を恐れず、国家のために命をかけて戦いに臨むことができるかどうかの問題にかかわっています。

◉**「天」**……暑さ寒さといった天候など自然の巡りが自軍に有利かどうか。

◉「地」……地形の状況や自軍と戦場の距離など、地理上の有利不利を見極めなければなりません。

◉「将」……指揮官に才智や威厳、部下への思いやり、勇猛果敢さがあるかどうか、リーダーとしての資質を問わなければなりません。

◉「法」……軍の編成や運用、官僚機構における規律など。

どちらが有利かを見極める7つの視点

統治の視点で敵と自軍を比較したのちは、敵味方がいざ衝突したときにどちらが有利か情勢を見極める必要があります。

『孫子』は、この点について、「七つの視点で見極めろ」と教えます。

一、　どちらの為政者がいい政治を行なっているか。

二、　指揮官はどちらが有能か。

三、　どちらが地の利に恵まれているか。

四、軍律はどちらがしっかり守られているか。
五、第一線の兵士たちはどちらが士気が高いか。
六、兵士たちの訓練はどちらが行き届いているか。
七、賞罰はどちらが公明正大に行なわれているか。

繰り返しますが『孫子』は、いざ戦争となればそこでの勝利を目指す戦術書です。しかし、ビジネスやスポーツにも応用できる内容になっています。軍隊を会社（あるいはスポーツにおけるチーム）、兵士を社員（選手）に置き換えることができます。

現代のビジネスにおける敵は2種類

ただ、ここで一つ注意しなければならないのが、『孫子』における敵は現代のビジネスにおいては、二通りに解釈できるということです。

一つは、**競合相手**。つまりビジネスにおける同業者でライバルです。

もう一つは**顧客**です。市場でシェアを拡大し、自社の売上を伸ばすには顧客の心をつかまなければなりません。

そのためにはライバルと顧客という「二種類の敵」をよく知るようにしなければなりません。

戦力は、ビジネスにおいては資金力であったり、社員のスキルであったりします。たとえば、新規事業に参入しようとすれば、経営者は事業計画書を策定します。勝算（＝ビジネスでの成功）の見込みを立てるには、自社の競争力、ライバルの動向などマーケットの状況をつぶさに調査しなければなりません。

また、戦場においては戦闘が、ビジネスで新規事業をスタートさせたときは市況などが、刻一刻と変化していきます。

指揮官はその状況を見極めながら、臨機応変の対応を取らなければなりません。戦い方を変えなければならないこともあれば、時には撤退も考えなければなりません。

そういった判断を正しく下すには、情報力が必要です。

戦いの場におけるデータを集め、正しく分析し、これからの行動にうまく活用しなければなりません。

戦いにおいて勝利するには、また、ビジネスにおいて最大の利益を得るには、情報力が求められます。

『孫子』が説く兵法は、この情報の扱いに重きが置かれているのです。

『孫子』が後世に与えた影響

『孫子』は当時だけでなく、後世にも大きな影響を与え、その教えは語り継がれています。

中国では三国時代に魏国の曹操が愛読していたといわれ、日本にもすでに奈良時代には伝来しています。その影響を受け、実戦で役立てた武将も数多くいます。日本では源義家、武田信玄などが有名です。

源義家は前九年後三年の役で、「鳥の飛び立つところに敵の伏兵あり」をもとに敵の動きを察知し勝利しています。また、武田信玄軍の旗印には『孫子』の一節、「風林火山」の文字が使われています。

近現代でも日露戦争における日本海海戦で勝利した東郷平八郎も『孫子』を愛読。またイラク戦争においてアメリカ軍が採用した「衝撃と畏怖作戦」は、国務長官のコリン・パウエル氏が『孫子』の思想を採り入れています。

『孫子』が用いられたのは、戦時だけに限りません。幅広く**ビジネスや経営にも活用**されてます。

マイクロ・ソフト創業者の一人、ビル・ゲイツ氏やソフトバンク創業者の孫正義氏も『孫子』をビジネスで活かしているのは「はじめに」で記したとおりです。

また、後世のビジネス理論、**マーケティング理論**にも多大な影響を与えています。経済的な戦略の意思決定にも使われる**ゲーム理論**や、マーケティングで使われる**ランチェスター戦略**などです。

ランチェスター戦略とは、もともと戦場における戦闘員の消耗度を数理モデルで示したランチェスターの法則を、マーケティングに応用したものです。経営コンサルタントの田岡信夫氏が、『孫子』も深く研究・応用し、経営戦略として世に送り出した理論でした。

そこに共通するのは**「弱者の戦略」**です。

具体的な戦い方としては、

◉差別化

◉一点集中

◉接近戦

◉隠密行動

を基本とします。そしていずれも重要なファクターとなるのが、「情報」です。

あなたの「情報感度」をチェック

「孫子の兵法」をビジネスにうまく活用できるかどうか、それはひとえにあなた自身の情報感度によって差が出てしまいます。

あらゆるデータから、**「状況をうまく読み取ることができるか」「ものの見方が一面に偏っていないか」「思い込みが強くないか」**などが問われるところです。

そこで孫子の生まれ変わりで、その理論をビジネスに役立てている孫子課長にチェックしていただきます。

問題

「さっそくじゃが、次ページの図を見てもらおう。三つの点、ａｂｃがある。これが何を表すか、考えてみてごらん。考えたかな？　多くの人は、単純に各点を直線で結んで三角形を想像したのではないかな」

図Ａがその三点、図Ｂが各点を直線で結んだ三角形です。

「三角形でもけっして間違いとはいえない。しかし、答えは一つではない、あるいは正解はないといったほうがいいかもしれない」

孫子課長が言いたいのは、図Ｃのような四角形、図Ｄのような円の一部かもし

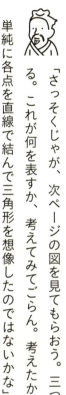

答えは1つとは限らない

図A

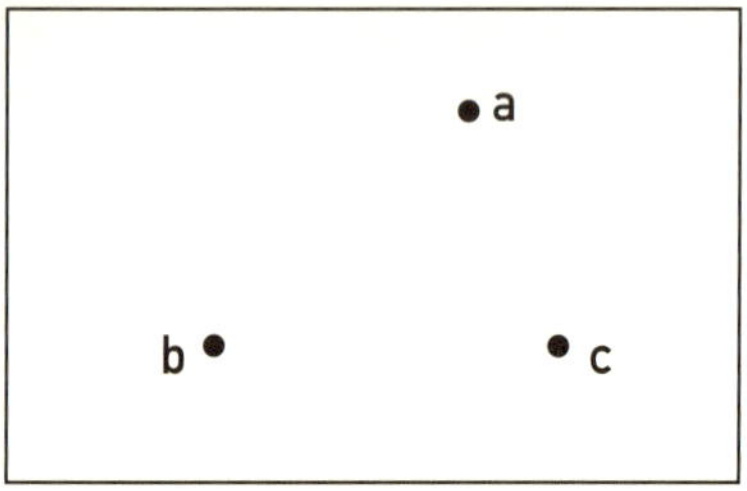

図B

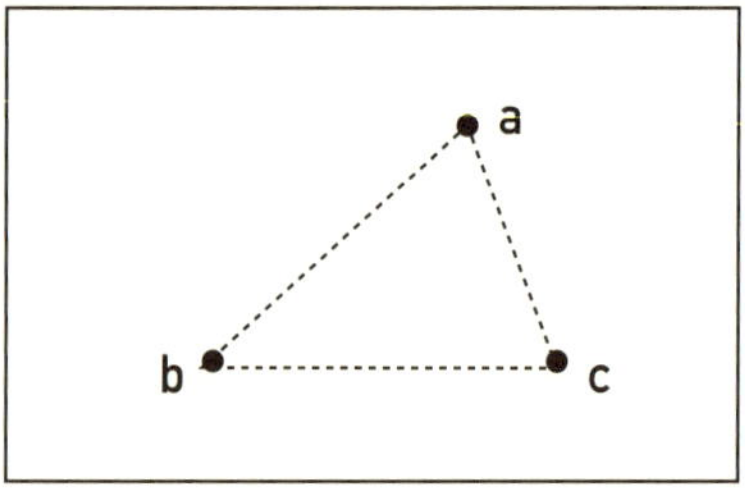

図C

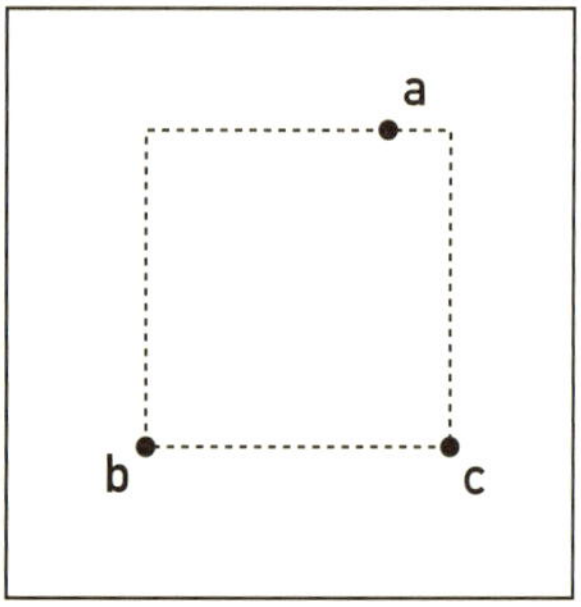

図D

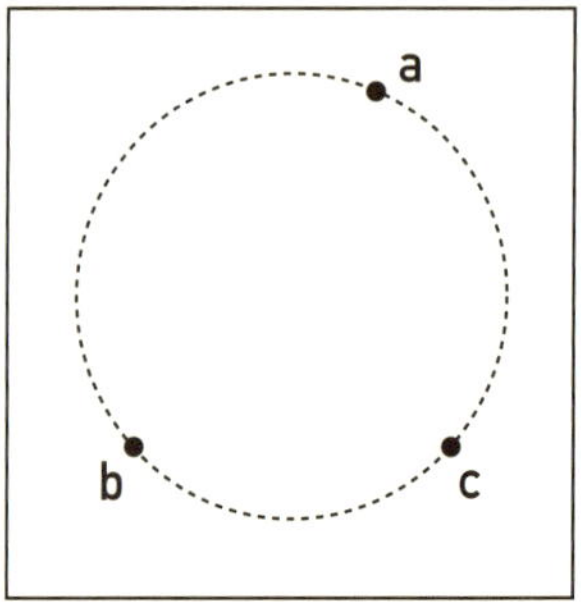

れないということです。

「つまりじゃ、全体が何を表すかを判断するには、点三つだけではデータとして足りないということなんじゃ。だから性急に答えを求めることは避けたいところではあるな」

モノゴトの一面だけを見るな

このように短絡的にモノゴトを結びつけると、とんでもない誤解や錯誤を生みかねません。

特に戦場においては、精神状態は平静を保てないため、状況を見誤ることがあります。そして、戦場におけるような特異な精神状況が生まれるのが、大災害時です。

大災害時に発生しがちな「デマ」で事例を挙げましょう。

大地震が発生した前日。飼っていた犬がキャンキャンとやたら吠えていたとします。

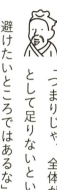

「うちのワンちゃん、地震を予知していたに違いない！」

と勝手に、地震という特異事例と犬が尋常ならざる吠え方をしていたという事例を結びつけてしまうような短絡的な思考はよく見かけます。

私は地震災害に関する本を執筆し、多方面に取材をしたなかから地震の前兆として動植物に異常な症状が表れることが報告されていることを知りました。これは大地震前には大地から桁違いの強力な電磁波が発生することと関連するのではないかという説もあります。

そのため、「犬がやたらと吠えていた」ことと「大地震」には因果関係があるのかもしれません。

しかし、その証明は難しく、多くの事例（データ）を取り、さらに科学者などの専門家がその因果関係を証明するまではっきりしたことはわからないのです。

「前日に犬がやたらと吠えていた」というのは、単に犬が体調を崩して気分が悪かっただけなのかもしれません。

短絡的な思考と思い込みだけで判断しては、大きな間違いを冒しかねないのです。

判断ミスを防ぐには、**数多くのデータを集める、多角的にモノゴトを見る**といったスタンスが求められます。

「犬がやたら吠えていた」というのであれば、獣医師に見せて病気を抱えていないかどうかといったデータも必要でしょう（実際にそこまで行なう人は少ないと思いますが）。

多角的にものを見るとはどういうことなのでしょうか。

「思い込み」は墓穴を掘る

孫子課長から次の問題が出てきました。英文です。

問　題

I am a cat.

「中学生レベルの問題だから簡単じゃろう？　え？　答えは
『私はネコです』
だって？　うん、確かに正解じゃ。しかし！」

孫子課長は続けます。

「そう答えたあなた。もし男性なら、普段から自分のことを『私』と言っているか問いたいぞ。え、答えを変える？『ボクはネコなんだ』だって？
もちろん、それも正解だ……。しかし！　私が一番欲しかった解答は、
『吾輩は猫である』
というものじゃ。柔軟な発想、視点がないとなかなか出てこない答えだ」

孫子課長からまた次の問題が出てきました。

問題

To be, to be, ten made to be.

「これを和文で書け、という問題なんだが……。え、さっきの英文より難しい？　そうじゃろ。さっきのは中学一年生で学ぶ英文。これはずいぶん前に出た、難関といわれる大学の入試問題だからな……。でも、意外に小学生あたりなら正解できるかもしれない。……これは大きなヒントなんだが、正解は、

『飛べ飛べ、天まで飛べ』

誰も問題が英文とは言っておらんからな（笑）」

孫子課長の言いたいことは、思い込みや強い先入観は、状況判断を誤ったりするようにデータ処理、情報処理の際に大きな障害となりうるということです。

別の視点でモノゴトを見るクセをつける

さらに孫子課長が問題を出します。

問題

「もう一度、左の図を見て欲しい。図Aの円の中心に黒丸があるが、これの正体は何か、という問題じゃ。正解は一つではなく、いろんな解釈があるから自由に発想して欲しい」

どうですか？　いくつか答えは出ましたか？

「『白い皿の上に乗ったおはぎ』とか、『（色）鉛筆を下から見たところ』なんて答えがあるな。他にも『天気図の記号（霧または氷霧）』という答

視点を変えると、いろいろ見えてくる

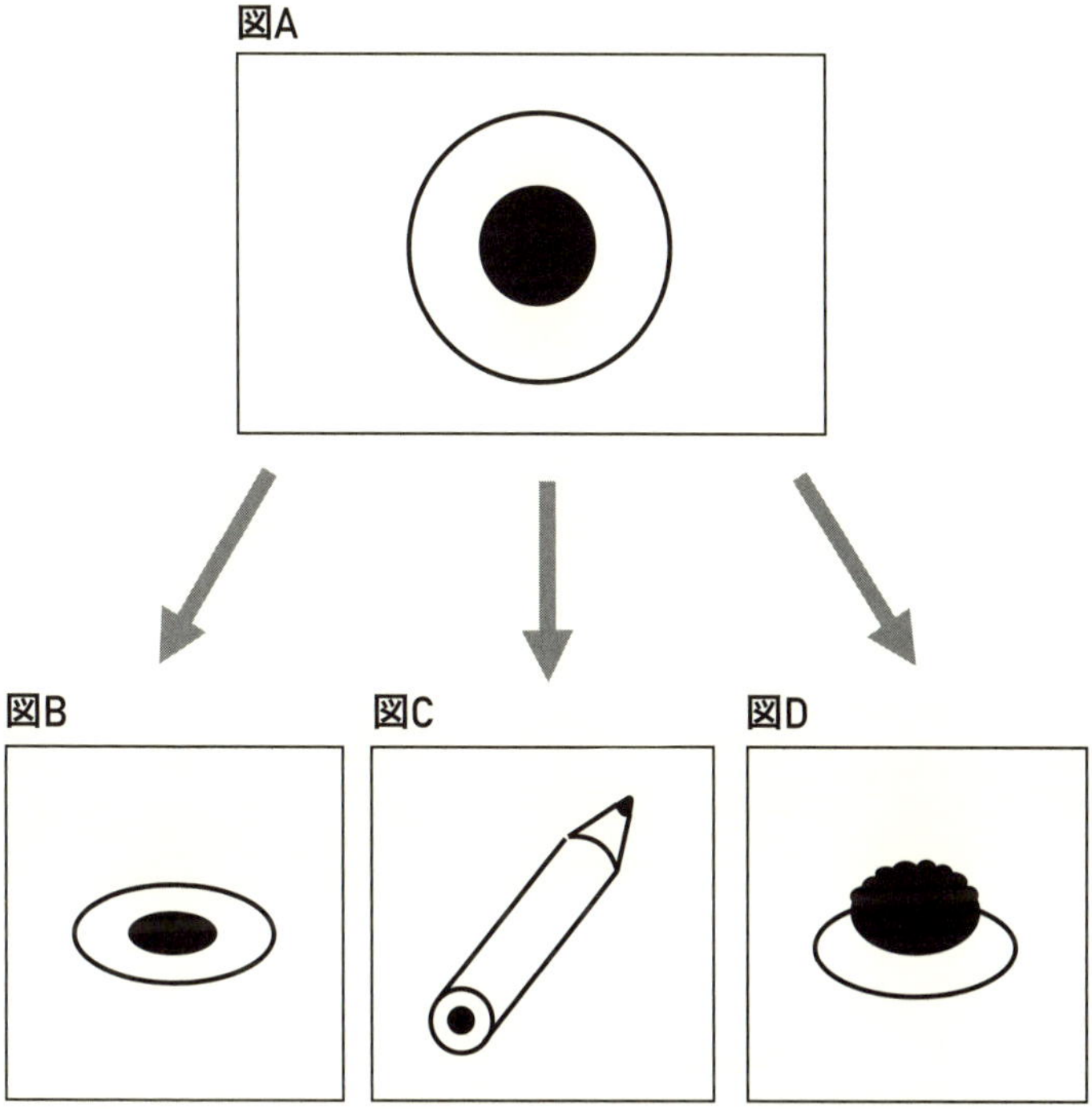

天気図　鉛筆　皿の上のおはぎ

えもあるだろう。この間、『皿の上に乗った黒いリンゴ』と答えた小学生がいたな。子どもの発想は柔軟でいいな、と思ったものだが。しかし、正解というものはないんじゃ。言いたかったのは、正体を見極めるには、見る角度を変える、つまり視点を変えてみろ、ということを言いたかったのじゃ」

孫子課長は、「この『物体』を角度を変えて見てみろ」と言います。

「もし平面に天気図の記号で書かれたものなら、図Bのようになるじゃろう。そして鉛筆を下から見ていたとしたら、角度を変えれば図Cのように見えるはずじゃ。白い皿の上のおはぎとしたら図Dのように見える。角度を変えて見るということは、別の言い方をすれば情報判断する上でのもう一つのデータをゲットするということだな」

全体像を把握する上で**判断するデータが不足するとき、勝手な解釈を先行させては**

大きな誤りを犯してしまう、ということです。

安易なレッテル貼りをしていないか

先入観や思い込みは状況判断を誤らせます。

その要因は足りないデータだけで判断してしまうことの他に、足りないデータを単純な思考で切って捨ててしまう愚行を犯してしまうケースがあります。

思考が「〇か×か」「白か黒か」「イエスかノーか」「すべてかゼロか」といった二項対立になってしまうことです。

〇が絶対に正しいと信じている人は、〇以外のものはすべて×と決めつけてしまう傾向が出てしまいます。〇と×以外にも△や□もあるはずです。

「『いや、私にはそんな単純思考は持っていない』と思っている人。それでは、たとえば『アイツは右翼だ』とか、強いリーダーシップを発揮する人を『アイツは独裁者だ、ヒットラーだ』といったレッテル貼りをしたことはないか

な？　こういったレッテル貼り、安易なカテゴライズは、その瞬間に思考停止に陥ってしまいかねない。注意が必要なんじゃ」

多様性を無視したこの思考は、偏見に満ちた差別にもつながりかねないのです。

こういったミスがなぜ生じるかというと、「言語には恣意《しい》性があることを認識していないから」と孫子課長は力説します。

これはどういうことか？

「言葉が指し示す対象物は、すべての人間が等しいかというと、必ずしもそうではないということじゃ。同じ言葉、対象物でも、そこに抱く印象は十人十色。たとえば『赤』という言葉がある。その言葉が指し示す色には、無限の種類があるということじゃ。あるいは人によっては、どこからどこまでが赤色なのか、明確な基準はないということだな。カラーチャート（色図版）というものがある。ここには数多くのページがあり、赤から次第に青に変わっていく見本図、赤から黄色に変わっていく見本図。ここからどこまでを「赤色」とカテゴライズするかは、

人によって微妙に違ってくる」

孫子課長にもっと具体的に説明してもらいましょう。

問題

「よし、じゃあここでカラーチャートを披露して説明しよう……え？　この本はモノクロだからカラーチャートは使えない？　……そうか、それじゃ仕方ないの……白と黒の色見本で説明するかの……」

次ページの図は黒インクを濃度0から100までを表したものだと思ってください。

「白と黒の間には、いくつもの種類の灰色（グレー）があることがわかるじゃろう。100とか90といった数値は、黒インクの量と思って欲しい。

言葉が指し示す範囲は人によって違う

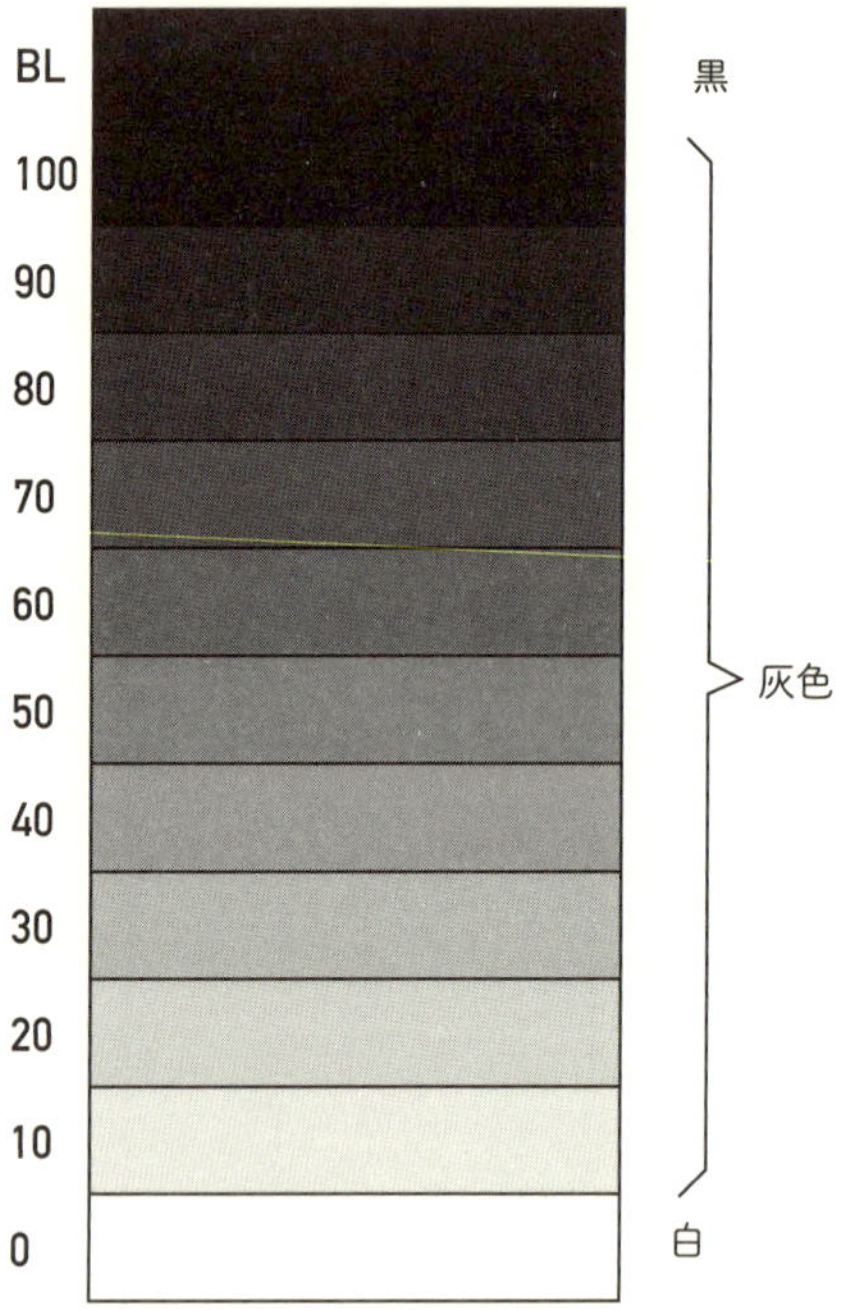

１００はもちろんだが、90あたりあるいは80あたりでも『黒』と断じる人もいるじゃろう。どこからどこまでがグレーでどこから黒かは、人によって違ってくるはずなんじゃ。もっといえば、１００と90の間にも、99、98、97……、さらに小数点以下まで区切れば無限の種類の黒なり灰色が存在するんじゃ……。同じことは、白のところにもいえる。０は真っ白、10になると黒インクが10％入ってくるから、薄いグレーとなる。灰色にも無限の種類の灰色があるということじゃな。え？　０のところも真っ白じゃない？　それはな、もともとの下地の本の紙の色じゃ！　真っ白の紙を本に使うと目が疲れるから、やや黄ばんだ色の紙を使うのが出版界の常識なんじゃよ！」

孫子課長の言いたいことは、**人が発する言葉には人それぞれに指し示す範囲が微妙に違ってくる**ということです。

データの取り扱いを間違うと、情報分析に大きな誤りが生じ、状況判断を誤ります。

これは混乱極まりない戦場では日常茶飯に起こり、いかに致命的なミスを犯さないかがポイントになります。逆にいえば致命的な判断ミスが敗因となり、ビジネスの世界では事業の失敗につながるのです。

「データの取り扱いで判断ミスを犯して失敗するのは、ビジネスの世界でもそうだが、犯罪捜査の世界でも起こりうる。いわゆる『誤認逮捕』『冤罪《えんざい》』だな。その発生するメカニズムを説明しよう」

冤罪を生むメカニズムから わかること

「冤罪そのものの事例で説明する前に、まず遡ってデータの扱い方についてもう一度、考えてみよう。前に説明したａｂｃの三点。この三つの点が何を指し示すかという問題だが、この三つの点だけでは全体像がどういった形なのか、判断がつかない。そこで、さらにデータを集めて、次ページの図のようになったとしよう。何に見えるかね？　そう四足動物のように見えるな。しかし、まだ首から

有効なデータ、無用なデータを見極めないと、全体像を見誤る

図A　四足動物？

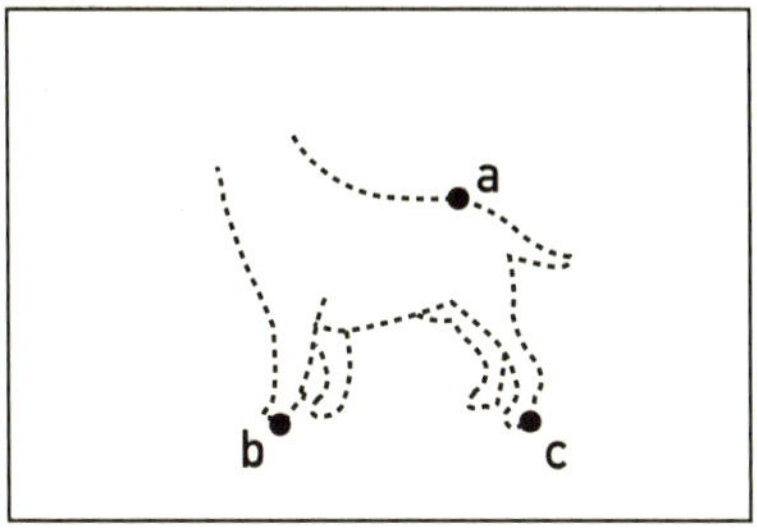

図B　キリン

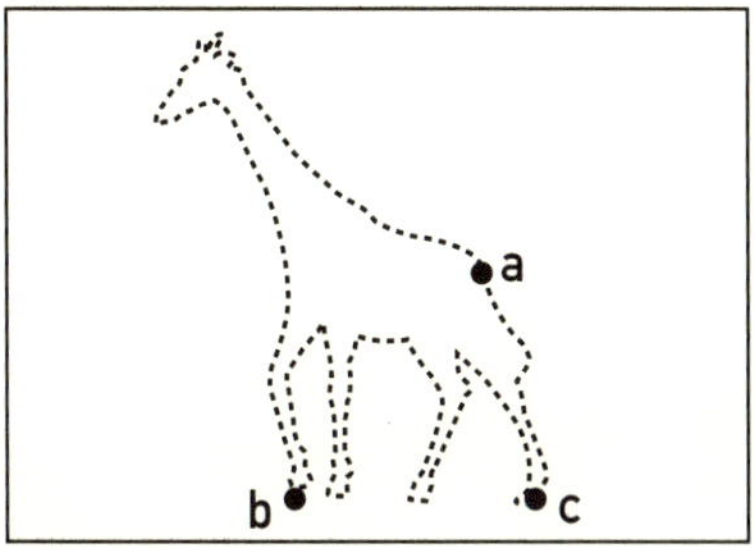

図C　ゾウ

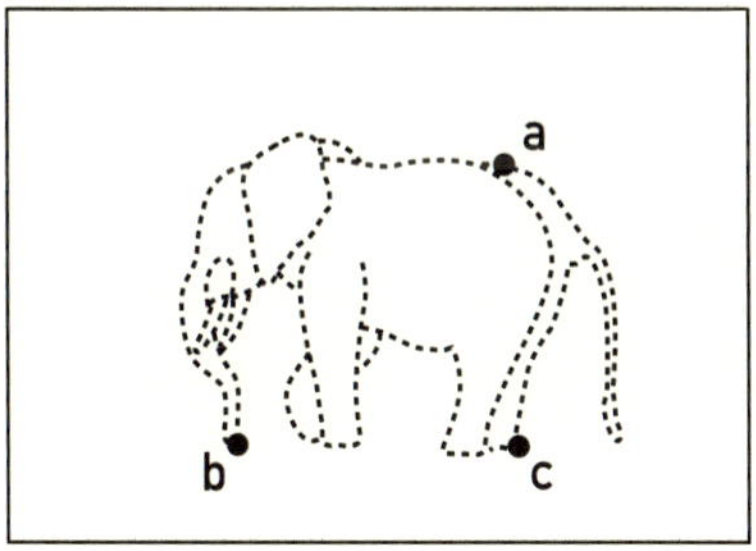

先が見えないから、何の動物か判断がつかない。これから先、データを集めて、首がどんどん伸びていけばその動物の正体はキリンということになるじゃろう。逆に鼻がどんどん伸びていけば、その動物は象ということになるな」

これを犯罪捜査にたとえるなら一つひとつの点は犯罪を立証し犯人を特定する「証拠」ということになります。そこで捜査当局は「首から先」のデータを集めて、犯罪の全体像、犯人の特定を急ぐわけです。

「ところが犯罪捜査をやっていくと、どのデータが有効な証拠で、どのデータが証拠とはならないか、その見極めが難しくなってくるのじゃ。有力な証拠かと思われた目撃情報が、実は事件とはまったく関係のない情報だったりすることはよくあるんじゃ。戦場でも同じことが言えるが、捜査現場でも山ほどのデータがあふれている。そのなかからまったく関係のないデータを振るい落としていかなければならない。いわばノイズのようなものだが、それを見誤って有力証拠とすると、犯人は『象』だったのに、『キリンが犯人だ』と決めつけてしまいかねない

のじゃ」

孫子課長は実際の冤罪事件を例に、なぜ情報の扱いで失敗したのか、ケーススタディをやってくれます。

その実際にあった冤罪事件とは「足利事件」。

一九九〇年に発生したこの事件は、足利市（栃木県）のパチンコ店の駐車場から四歳の女の子が連れ去られ、近くの河川敷で遺体となって見つかったというものです。目撃情報もありましたが、なかなか犯人にたどり着けません。

そのうちに捜査当局は犯人像を「独身男性」「子ども好き」という犯罪者プロファイリング（犯人像を描く）にのっとって聞き込み捜査を始めます。そこから捜査線上に浮かび上がったのが、のちに誤認逮捕され無実の罪で一八年もの間、不当に拘束された菅家利和さんです。菅家さんには前科・前歴・逮捕歴はありません。それでも警察にマークされたのは「独身」で幼稚園の送迎バスをやっているから「子ども好き」ということで犯人では、と目星をつけられたのです。

尾行中の刑事が、「立小便ひとつしない」と評したように、人並み以上に道徳心の強い人でした。警察は菅家さんが捨てたゴミ袋からＤＮＡのサンプルを採取しようとしますが、指定日、指定場所にきっちりゴミを捨てる菅家さんに対し、「警戒心の強い男」という曲解した印象を持ちます。そして当時、まだ不確実だったＤＮＡ鑑定と強要した自白だけで逮捕、裁判所も有罪を決めつけてしまったのです。

捜査過程では有力な目撃情報もありました。

しかし、その目撃情報は「菅家さんは犯人ではない」とするものでした。有力な証拠となったはずですが、捜査当局はその目撃情報を「ノイズ」と決めつけてしまったのです。その目撃証言を行なった人に対して、

「正直に言うと、アンタの証言が（菅家さんを有罪とするには）ジャマなんだよ」

と、証言の撤回を強要したのです。そして調書には「目撃証言は勘違いによるものだった」

と書き換えられてしまったのです。

あやふやな段階から「菅家さんが犯人」と決めつけ、その思い込み、先入観に沿って捜査を行なった警察の大きなミスでした。

「いわゆる見込み捜査というやつじゃな。これによって、かなりの冤罪、誤認逮捕がまかり通っているのじゃ。

ビジネスでこのような失敗を犯してしまえば、大損害を被ったり、会社を潰したりしかねない。そのためには情報を的確に扱わなければならないのじゃ。

これからワシの編み出した「孫子の兵法」の情報戦略のあり方をさまざまな事例に沿って説明していこう」

第一章

相手をよく観察し、
状況をしっかり把握する

目先の利益ばかりを追求していると、大きな利益を逃す

ノルマ至上主義のデメリット

戦場においては、現状分析が重要になってきます。
味方の戦力、敵の戦力。敵味方の士気はどうか、地の利はどちらにあるか、など。
ただ戦場では軍は敵から秘匿《ひとく》した行動をとるようにします。
そのため、さまざまなデータから敵の動き、作戦を推測していきます。
誤った情報分析は、戦場においてはつきものですが、致命傷になるような錯誤を起

こさないことです。

特に指揮官の思い込みは、大きな敗因となりかねません。

ビジネスでも同様のことがいえます。

自分の利益ばかり追求していると、時には**ライバルのみならず味方であるはずの仕事仲間やクライアントの心情を軽んじて失敗**しかねません。

営業マンに対するノルマが厳しい業界では、かつてお客様に商品をごり押しするなどして問題を起こしたりしていました。

そのうちの一つに不動産業界がありました。

「とにかく売りさえすればいい」という志向で、お客様の立場を軽んじているところも少なからずありました。

最近、私もそういった業者に遭遇しました。オフィス用の物件を探していたなかでJ社というところからいい物件を紹介してもらいます。物件そのものはよかったのですが、その手続きがあまりにずさん。J社営業マンはとりあえず売りさえすればいいという感覚なので説明不十分、あとからなにかしら問題が出てきます。

あまりのひどさに別の不動産業者に話すと、

「ああ、J社ですか。あそこは、いわゆる古い時代の悪いイメージを残したままの不動産会社なんです。とにかくノルマ至上主義で、どんな手段を使ってでも売ればいいという考え方の会社なので、業界内でも評判はよくありません。社員もなかなか定着しないんです」

とのこと。

目先の利益ばかり追っていると、大きな利益を逃しかねないのです。

自分本位が、味方もお客様も引き離す

「敵情を分析して勝利の見込みを想定しながら、地形が険しいか平坦か、遠いか近いかを検討するのが、全軍を指揮する将軍の役割である」（地形篇）

目先の利益ばかりに気を取られていると、全体の状況が見えなくなってしまうもの。

あらゆる角度から状況を判断することです。

レストランチェーン店で成功を収めた東野聡史さん（仮名）は、最初は別の業界で営業マンをやっていました、その頃からいずれ起業して成功したいという強い思いを抱いていました。

そのため「なんでも勉強してやろう」という強い意欲もあったので、たちまち成績トップに躍り出ます。

そしてわずか1年で独立、開業します。

営業でトップ成績を収めた自信から、「必ず成功する」と確信しての会社設立です。すぐにでも「億万長者になる」「いずれ会社上場も！」と意気軒昂でした。

ところが、その自信もたちまち失せてしまうこととなります。

売上が思うように伸びないのです。東野さん自身がデキる営業マンだったため、どうしても部下たちの働きぶりに満足できないのです。

マネジメントの経験がない東野さんのイライラは募り、社員を叱りつける毎日。その結果、社員がすぐに辞めてしまうことも頻発します。

そんな折、事件が発生します。

会社の金庫から売上の600万円が盗難に遭ったのです。警察の調べでは、内部犯行。それも一人や二人の犯行ではないとのこと。

東野さんの人間不信がピークに達します。独自に調べてみると、どうやら社員全員が犯行に加わっている模様。東野さんは迷ったあげく、いったん会社をたたみ、社員全員を解雇します。

一人になった東野さんは、思い悩みます。一生懸命、社員教育に力を入れたのに、誰もついてこない。歩合制の営業マンは古い職人気質。いっそこの職人気質の社員がいないようなアルバイトだけで会社をつくれないものか、と考えるようになります。

そこで東山さんは、次にアルバイトを多く使って業績を伸ばしているハンバーガーチェーン店に潜り込みます。それも一介のアルバイトとして、一から現場で勉強しなおそうとしたのです。

東野さんがフライドポテトを揚げているところに、店長がやってきて意外な指示を出します。

「東野くん、そこのポテト、七分経過したから捨ててくれ」

驚いた東野さんが、

「え、捨ててしまうんですか？　食べられるのに、なぜですか」

と問いただします。

店長は、

「東野くんがお客様で、冷めたフライドポテトを出されたら、どう思う？」

と逆に聞き返されます。

東野さんは目からウロコの思いだったと振り返ります。

（そうか！　俺はこれまで自分本位で考えていた。お客様のことより、『自分が何を売りたいか』ばかりで相手が何を求めているか、そこまで考えが及ばなかった……）

これまでの自分の仕事の進め方を反省します。

自分の成功、自分の利益ばかりを考えていた人間に、社員がついてきてくれるわけはない……。

東野さんはそれ以来、ビジネスの基本を、**「人に喜ばれる」「人の役に立つ」「社会になくては困る」**というコンセプトを中心に会社経営を行なうようにしたのです。

「従業員やお客様の立場に立って、みんなが満足できるような仕事の進め方を徹底することによって成功への道が開けたのじゃな」

情報は多角的に入手し分析する

「POSシステム」の役割

ビジネスでは顧客の求めている商品やサービスを提供することによって、売上が伸び、自らの利益が高まります。

そのためには顧客が何を求めているか、そのデータを集める作業が重要となってきます。

「自軍に有利な場所に敵軍をおびき寄せるには、利益を目の前に突きつけてやる」

（虚実篇）

この孫子の言葉は**利益を目の前にぶら下げることによって、自軍にとって有利なように敵をうまく誘導する**ことの重要性を説いています。

ビジネスでは需要を探るために、さまざまなマーケティングの手法がとられています。

そのうちの一つがＰＯＳシステム（Point of sales system ＝販売時点情報管理）です。スーパーやコンビニで採用されているこのシステムでは、どのような商品がいつ、どの価格で、どれだけの数量が売れたのかがレジに集計され、それが本部に送付されるのです。データは購入者の性別やおよその年齢、その時点での天候まで集められます。

現場から集められたデータは詳細に分析され、商品の納入や商品開発の参考になるのです。

データをそのまま鵜呑みにしてはいけない

在庫管理と仕入れ管理の重要性を嫌というほど思い知らされた人物に、セブン&アイ・ホールディングスの元名誉会長、伊藤雅俊さんがいます。前身のヨーカ堂（現イトーヨーカ堂）は小さな小間物屋からスタートしますが、そのとき冬に備えて大量に仕入れた足袋が暖冬だったため、まったく売れなかったということがありました。

まだ小さな小売店でしたから、それこそ経営を圧迫したほどです。この失敗から、イトーヨーカ堂、そしてセブン&アイでは徹底した在庫管理、仕入管理が行なわれたのです。

「顧客の要望をくみ取ることは、ビジネスの基本じゃ。その意味でも、確かにPOSシステムは大きな戦力といえる。

ただ、そのままデータを鵜呑みにしてしまっては、落とし穴にはまってしまうかもしれない。特殊なケースも出てくるからな」

そういって孫子課長は、ご自身も絡んだケースを紹介します。

「ワシがまだ新入社員だったころのことじゃ。残業が連夜続いたとき、夕食後、同僚がコンビニで『イカせんべい』というお菓子を買ってきた。正式名称は覚えていないがね、五枚入りで一〇〇円と値段も手ごろ、残業時のおやつとしてうってつけだった。ワシも一枚分けてもらって、それ以来ハマって毎日食べておったが、同じ部署でイカせんべいがちょっとしたブームになったんじゃ。

その月のイカせんべいの売上は突出したに違いない。しかし、ワシらの残業が続いたのはごく一時期。イカせんべいのブームも終わったのだが、ある日、昼間にそのコンビニを覗いてみて驚いた。お菓子売り場の八〇センチほどのスペースにイカせんべいだけが積み上げられておったんじゃ。むなしく売れ残ったイカせんべいがしばらく特設売り場を占めていたのを鮮明に覚えている。

あのイカせんべいがどうなったか今でも胸が痛むが、イカせんべいの急激に伸びた売上を一時的な特殊要因としなかったのは、あのコンビニの失敗じゃな」

交渉前には、相手の状況をよく知っておく

新規事業参入の鉄則

「彼を知り己を知れば百戦殆《あや》うからず」（謀攻篇）

戦いの前に、敵と自軍のことをよく把握しておけば、負けることはないという『孫子』のなかでもよく知られた教えです。

これには続きがあり、

「彼を知らずして己を知れば一勝一負す。彼を知らず己を知らざれば、戦う毎に必ず殆うし」

敵の実情、自軍の実情をよく知っておけば百回戦っても負けることはない。敵の実情は知らないものの自軍の状況をよく知っているようなら、勝つこともあれば負けることもあるだろう。もし敵の実情も自軍の実情も知らなければ、必ず負けてしまう、という意味合いです。

たとえば新規事業に参入しようとするとき、**市場のことも競業相手のことも、そして自社の実力も知らずにチャレンジしても、まず成功はおぼつきません。**状況をじっくり見極めながら、新規事業に取り掛かるのがビジネスの鉄則といえるでしょう。

値引き交渉の秘訣

これは、交渉ごとでも同様のことがいえます。

交渉名人の孫子課長からあなたに、次のような問いがありました。

「たとえば、商品の価格交渉があったとしよう。ビジネスではなくあなたが、古物商で気に入った骨董品があったとする。値札は90万円とついている。あなたとしてはできるだけ安く買いたい。古物商としてはできるだけ高く売りたい。そこで価格交渉が始まるのだが……」

孫子課長が事例として挙げてくれたこのケース。

古物商は値札は90万円とつけているけど、いざとなったら70万円で手放していいと思っているとします。

一方、買い手であるあなたは90万円は出せないが80万円までなら出していいと思っているとします。

すると、70万円から80万円の間の交渉となります。

別の言葉でいえば、**この間の10万円の金額の分捕り合戦**といえるでしょう。

「値引き交渉のなかで、相手の思惑を読み取りながら、どこで折り合いをつけるか、いわば『キツネとたぬきの化かし合い』となる」

売り手は「85万円までなら値引きできるよ」と探りを入れます。

買い手は、「60万円なら買うけど……」とジャブを放ちます。

売り手は、この客は「どこまで本気で買いたいか」「資金力はいくらか」などと思いを巡らしながら、どこまで値下げをするか思案します。

買い手は、売り手の経済状況を見極めながら、「どうしても現金が欲しければ、強く値引きできる」「案外、安く手放すかもしれない」などと思いを巡らせます。

相手のしぐさや言動から「買い手はどこまで金を出せるか」「売り手はどこまで値引きするか」と読み合うわけです。

うまく読み切れば、売り手は「80万円より負けることはできない」、買い手は「70万円より多くは出せない」と最後通牒《つうちょう》を出せます。

売り手が「この客は80万円までなら出せる」と読み切って、80万円で価格交渉がまとまれば、実際10万円の交渉余地のうち全面的に勝利となります。

値引き交渉の深層

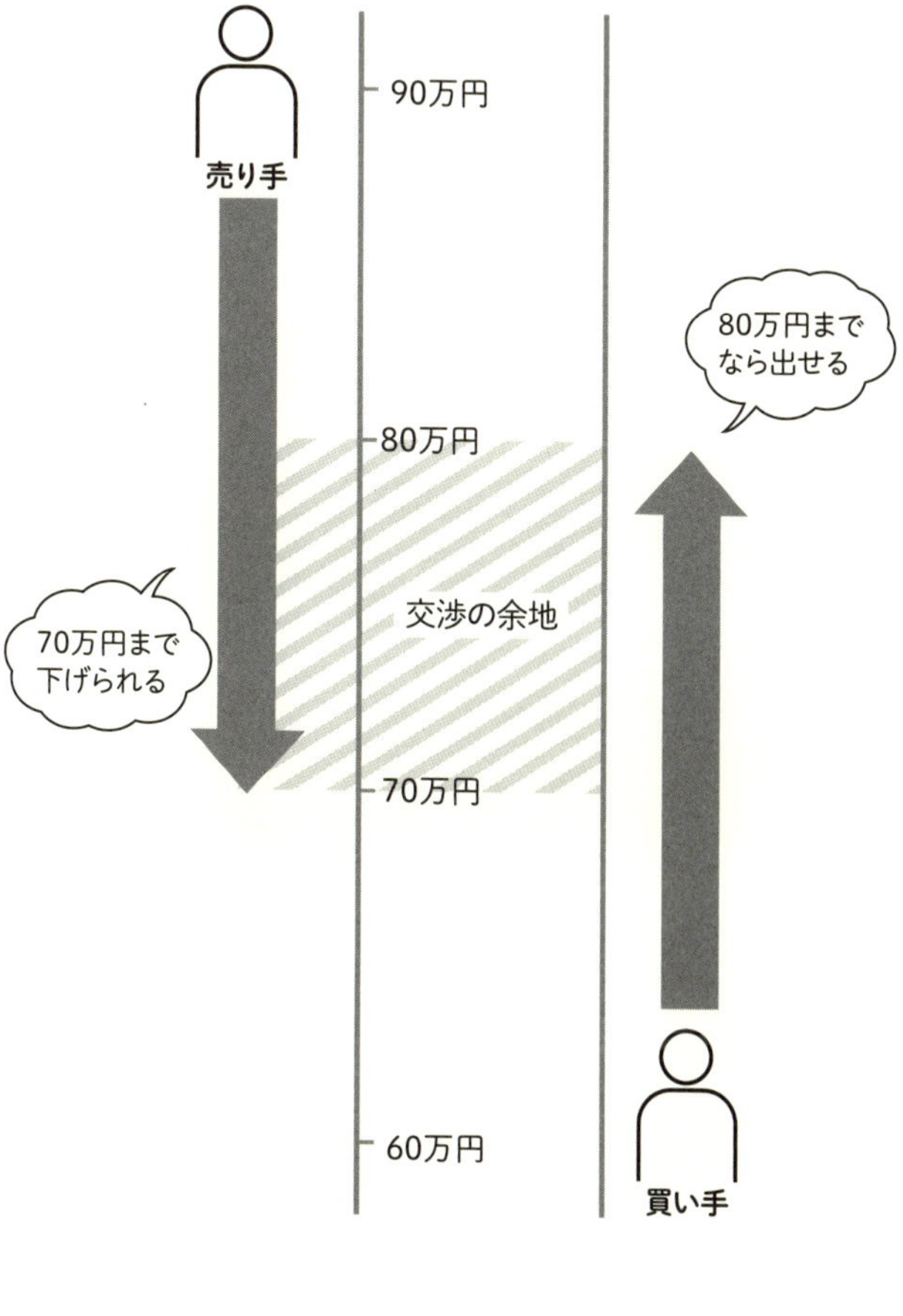

逆に「店主は70万円まで値下げできる」と先に判断できれば、10万円の交渉余地のうちすべての利得を手にできるわけです。

そこは駆け引きの妙味。いかに相手の心を読み切るかの勝負です。

強気な交渉で勝つコツ

もっとシビアなケースを孫子課長が紹介してくれます。

「知り合いの会社が、規模拡張ということで工場付き事務所の土地を物色していたんだが……」

この会社を仮にA社とします。A社は不動産会社を介してうってつけの候補地を見つけます。そして価格交渉。売り手となるB社は、市場価格より高めの価格2億3000万円を提示してきます。

交渉は難航し、最終的にB社は2億1800万円まで値を下げます。

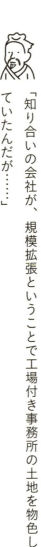

「うちとしては、これ以上価格を下げるつもりはない。次の交渉相手もいるから、これでイエスかノーかの返答をくれ」

と〝最後通牒〟ともとれる通告を受けます。

A社の担当役員、柏原洋一さん（仮名）は、相手の価格を呑むかどうか判断に迷います。

（場所としては、これ以上ふさわしい物件はない。ただし価格は予算を超えている）

柏原さんは、

「わが社としては2億5００0万円以上は出せない。残念ながらあきらめます」

と回答。

ところが、結果からいうとA社は柏原さんの言い値でB社の土地を取得できたのです。

つまり、B社のほうから譲歩してきたのでした。

孫子課長が経緯を説明します。

「結論から言うと、柏原さんの情報戦における勝利といえるだろうな」

柏原さんは、何度も足を運んでB社の物件の様子を見に行きます。近所の飲食店や小売店にも顔を出し、その環境についても情報を集めていました。そこで、B社の物件を見にきた他者がいるかどうか探ってみたのです。

しかし、よそでB社物件をチェックしにきた人物はいない様子。そこでB社の「次の交渉相手」がハッタリではないかと推測したのです。

さらに、B社の経営状況についても内密に調べます。B社の取引先などにさり気なく探りを入れ、B社の内情を知ります。

(さほど経営状況はよくない。少しでも高く売りたいという思惑があるのだろう。現金を少しでも早く欲しいに違いない)

そう読み取った柏原さんは強気の最後通牒を突きつけたのです。

孫子課長が解説します。

柏原さんの強気の交渉には、もう一つ理由がありました。

「柏原さんは、別の候補地の見当もつけていた。B社の物件を入手できなくても、第二、第三の候補地を探しておいた。だから強気に出ることができた。

交渉はカードを多く持つほうが有利な立場になる。B社には、A社以外の買い手の候補がなかった。そういった状況を柏原さんは冷静に分析できていたのだな」

相手の気がゆるんだときを狙う

相手の士気を落とす秘策

戦場の兵士もビジネスの最前線で戦うビジネスマンも、いつも士気が高いとは限りません。取り巻く環境によって各人のやる気はあったりなかったりします。

誰もが「今日はなんだかやる気がない」といった気分に落ちることはあるでしょう。

ここ一番というときに自らの士気を高め、敵やライバルの士気が落ちているときに勝負時をもっていけば、勝算は高まります。

「朝方の気力は満ち満ちているが、昼頃の気力が萎え、日暮れ時になると気力は尽きてしまう」（軍争篇）

孫子では、この言葉に続いて「そこで戦い方の上手な人は、敵の気力十分なときを避け、気力が萎えているところを攻撃する」とあります。

そのためには敵の状態をよく観察することも大事ですが、戦場においては敵の士気を萎えさせるために宣伝ビラをばら撒くといったようなプロパガンダ戦も行なわれます。

気分屋上司の攻略法

広告代理店に勤務する高梨勉さん（仮名）が担当するクライアント会社に、とても気分屋の社長がいました。企画のプレゼンテーションに対しても、その日の気分であれこれケチをつけられたりするので（やってられんわ！）とやる気を失うこともしばしば。

そのうちに（では、社長の機嫌がいいときに企画の提案をすればいいんだ）という当たり前のことに気づきます。

あるとき、社長がJリーグチームの熱狂的なファンということを知ります。高梨さんは、そのチームが勝利した翌日に企画の提案書をメールで送付するようにしました。

さらに重要なミーティングの前日には、クラブでの接待を欠かさないようにします。直前にはそのクラブに顔を出し、社長のお気に入りのホステスにチップをはずみ、社長を特に持ち上げるように**根回し**しておきます。

高梨さんはそれ以来、自分の企画案が通りやすくなったと実感しています。

クライアントのクセを活用した、できる営業マン

ある営業マンがあるクライアントに顔を出すのは決まって夕方です。

まさに孫子のいう**「朝の気の鋭」を避けて「暮れの気の帰」を狙って**のことです。

担当者がエネルギッシュで気力が充実しているときは、執拗《しつよう》なほどに粘りを見せます。交渉でもなかなか譲歩しないのです。

しかし、エネルギッシュな反面、朝のうちに飛ばしすぎて夕方にはエネルギーが「枯渇」。なんとなく投げやり、相手任せの気分が出てくるのです。そこで午前中の相手の気力充実しているときを避けているのです。

「上司の顔色や機嫌をうかがって、接し方を変えるのも立派な処世術なのじゃ」

ビジネスは「感情」ではなく、「理性」で判断せよ

かわいがっていた部下に辞められた社長の残念な行動

戦場でもビジネスでも指揮官は冷静な判断を下さなければなりません。感情をうまくコントロールできなければ、大事な情報を見逃したり判断を誤ったりと、正しい戦略を採ることができなくなります。

「君主は、一時の怒りの感情で軍を動かしてはならない。将軍は、一時の憤激に駆られて戦ってはならない」（火攻篇）

勝浦昭一さん（仮名）は二十代で起業、順調に自社を成長させていきます。腹心としてかわいがってきた山田健二さん（仮名）は勝浦さんが四十代のときに中途採用で入社してきました。以来、目をかけてきたのです。

その山田さんはいずれ独立するつもりで会社勤務を続けていました。そして入社十数年目の四〇を超えたところで、独立の意向を社長に打ち明けます。

勝浦さんは大きなショックを受けます。いずれ会社を自分の息子に継がせたときは、その大番頭としての活躍を期待していたからです。

勝浦さんは烈火のごとく怒りを爆発させます。

しかし、「いずれ独立する」「一国一城の主になる」という山田さんの決意は固く、勝浦さんの元を去ります。

勝浦さんはことごとく、

「山田のヤツは裏切り者だ！」

と口走り、**かわいさ余って憎さ百倍の様子**。周囲の人間も辟易《へきえき》します。

山田さんとしては、独立後でも勝浦さんとは友好関係を築き、協調してビジネスを展開しようという腹づもりでした。

しかし、頭に血が昇った勝浦さんの様子では、その目論見もかないません。

実際、山田さんの会社設立記念の披露パーティにも勝浦さんは招待されたものの、自分のみならず部下たちにも出席を禁じます。

それだけではありません。山田さんのビジネスをことごとく邪魔する行動に出たのです。

嫌がらせを受けた元部下のクレバーな行動

独立したばかりの山田さんには、まだ勝浦さんの妨害行動に太刀打ちできるほどの力はありません。やがて山田さんは勝浦さんの攻撃から避けるように地方都市に拠点を移します。

ところが、この勝浦さんの妨害行動が、会社の業績の足を引っ張ります。ビジネス上の戦略を見誤り、状況の変化に即応する態勢を整う機会をみすみす見逃したのです。

もともと**ビジネスの理にかなった行動ではなく、利益を度外視した妨害行動**であったため、勝浦さんの晩年は会社が傾きます。

そのピンチを救ったのが、なにをかくそう山田さんでした。

山田さんは独立した後も、残った一部の社員や勝浦さんの後継者とも、なんとなくつながっていたのです。

勝浦さんの訃報を聞き、弔問に訪れた山田さんとかつての同僚たちの交流が再び始まります。

地方で実力をつけた山田さんの会社は勝浦さんの死をきっかけに再度東京に進出。山田さんの会社と勝浦さんの会社が協業、それも山田さんの会社が元の企業を助ける意味合いが強いなかで、勝浦さんの会社は復活したのです。

感情ではない、正しい判断基準とは?

『孫子』(火攻篇)の言葉に続くのは、

「国の利益に合えば軍事力を使用する。国家の利益に合致しなければ軍事力の行使を思いとどまる」

という一文です。

ビジネスにおける行動の基準は**「利益にかなうか否か」**です。

会社の利益に合致しなければ動いてはならないということです。その状況の見極めがビジネスを成功させるかどうかの分岐点なのです。

下が気持ちよく働けるように常に気を配る

生産性を上げるなら、「働き方改革」より「遊び方改革」

日本のサラリーマンの長時間労働は、長年にわたって問題視されていました。そして政府主導の働き方改革が提唱されることとなりましたが、果たしてうまく機能しているのかどうか……。

残業を止めて早く帰宅するよう社員に促す企業も増えています。

しかし、現場の声を聞くと、「持ち帰りの仕事が増えただけで、仕事量は変わらない」と冷めた意見も出ています。

日本の企業の問題点としてよく指摘されるのが「非効率性」。あまり意味のない長い会議、「とにかく残業していれば、仕事をしたことになる」といった精神論、根性論の跋扈《ばっこ》……。

『孫子』は次のように戒めます。

「戦争は莫大な浪費である。だから時間をやたら費やすべきではない、ただ疲弊するだけである」(作戦篇)

では、どうしたらいいのでしょうか。

序章でモノゴトを一面から見るのではなく多角的に見つめることが重要であると記しました。そしてこの「働き方改革」を逆さまにして見つめ直した結果、いい解決策のヒントをつかんだ人物がいます。つまり、「働き方」ではなく、「遊び方」の視点から問題を見つめ直したのです。

企業人のメンタルヘルスと組織開発のコンサルタントとして二〇年以上活動を続ける川西由美子さんが働き方改革の問題点を指摘します。

「ひたすら業務目標を目指す古いやり方から、働き手のやりがいや喜びは生まれません。ひたすら働かされる感が強くなり、働き手はますます疲弊していくだけです」

川西さんは、もっと働き手一人ひとりが自分の頭で考え能動的に働くようにしなければならないと指摘します。

このような働き手を川西さんは「自律型人間」と呼びますが、ではそうしたらこのような自律型人間になれるのでしょうか。

「アフター5や休日の過ごし方を改善し、心身ともにリセットした上で自分の働く意味を考え直すことです。〝やらされ感〟をなくすには、アフター5や土日に積極的に〝遊ぶ〟スケジュールを入れること。そうすることによって効率的に働き会社に拘束される時間が減るわけです」（川西さん）

つまり、働き方改革ではなく、「遊び方改革」（川西さん）です。

政府がいう働き方改革は、実態は「働かせ方改革」。これでは働き手が能動的に動くことができずに、週末もただダラダラ過ごすだけ。心身ともに疲弊していく一因となります。

「遊びの予定」という目的地点を設定する

長年、企業内のうつ病対策に取り組んできた川西さんによれば、この遊び方改革を導入した企業では、うつ病対策に劇的な改善が見られたということです。

孫子課長が解説します。

「戦争は、大きな被害をもたらし戦費も国家を傾けかねないほどにかさむだけに、いざ始めるときには『出口戦略』も想定しておかなければならない。つまり着地点をどこにおくか。ビジネスでいえば、目標地点を定め、そこに至るまでのスケジュールをしっかり立てる必要がある。

その目標地点の設定とスケジュール管理も、逆算して実現可能な計画にする。目標地点の設定は、一日であれば『今日はアフター5はデートだ』、一週間であれば『土日は一泊のキャンプに行く』といったように遊びを設定しておく。そうすれば目標地点も『動かせないもの』として、なにがなんでもスケジュールを守ろうとする。ダラダラした仕事ぶりはなくなり、効率もよくなる。会議なんかでも、エンドを設定しておかないとダラダラと続きかねない。○時まで終わらせると設定しておけばスピードもアップし、無駄な時間が省けるわけだ」

目標地点のない仕事ほど精神的につらいものはありません。

「ただ会社にいて、残業していれば仕事しているように印象づけられる」というようなスタンスでデスクに張りついているのは、まさにうつ病の原因となりかねません。

「この改革案は、仕事の段取りを積み上げて終点に向かうのではなく、それをひっくり返してみた結果出てきたようなものじゃ」

第二章

勝ちを拾うネタは
ここにある

難攻不落の相手の口説き方

相手のオフタイムに近づく

強大な敵とまともにぶつかり合っては、勝ち目はありません。そこで相手の隙を突く、弱点を突く、といった作戦が考えられます。

『孫子』では、この点について次のように記しています。

「千里もの長距離を遠征しながらも疲弊することがないのは、敵兵がいない地域を行軍するからである。攻撃すれば拠点をまず奪取できるというのは、そもそも敵の守りがない地点を攻撃するからである」（虚実篇）

この戦い方を勝利に導くためには、敵の情勢をつぶさに観察し、情報収集を怠らないことです。

これで成功を収めたビジネスマンに化学薬品の原材料メーカーの田所泰明さん（仮名）がいます。

営業マンとして自社製品を売り込んでいましたが、一社難攻不落のA社がありました。すでに先発のメーカーが食い込んでおり、田所さんの会社が食い込む余地はありませんでした。それでも（A社に納入できれば、わが社の信用力も増す）とばかりに情熱を燃やします。

しかし、窓口となる担当者と面会してもけんもほろろの対応であしらわれます。

そこで、田所さんは作戦を変えます。

オンタイムは相手のガードが固い。そこで、オフタイムで「攻勢」をかけることにしたのです。

ターゲットは交渉窓口の担当者を飛ばして、なんと社長です。社長の趣味、行動をインタビュー等の記事でチェック。ほぼ毎朝、近くの公園でジョギングを行なっていることを知ると、田所さんもその公園でジョギングを始めます。何度か顔を合わせるうちに、ベンチで休憩しているときに交流が始まります。

しかし、田所さんは、ここで営業を始めるようなことはしません。

少しずつ親しくなるうちに、チワワを飼っていることが社長の口から出たときは（しめた！）と思いました。

なぜなら、社長がチワワをかわいがっていることは、やはり事前に調査済みでした。そのため、田所さんはチワワについても念入りに調べていました。

「チワワですか。実は最近、家内が犬を飼いたいとか言い出して、チワワがいいね、などと話していたところなんですよ」

これで社長と田所さんの親密度は増します。

「じゃ、今度、わが家に遊びに来なさい」という言葉が社長の口から出たのです。

親密になっても、ギリギリまで自分の目的を言わない

それでも田所さんは自分の身分を明かしません。

「……ところで君はどんな仕事をしているのかね」と社長の口から出たのは、知り合って数カ月が経っていました。さりげなく仕事の内容を伝え、最後に社名を伝えると、社長の顔に軽い驚きの表情が浮かびます。

そして難攻不落だったA社での取引が少しずつ始まったのです。

田所さんの成功の秘訣を孫子課長が解説します。

「田所がうまくやったのは、もちろんその調査力もさることながら、相手のオフタイムに食い込んだという奇襲攻撃によるものだ。しかも、けっして『営業』という姿勢を微塵も感じさせなかった点がよかった」

後日談があります。

田所さんの会社とA社のつながりがさらに深まり、田所さんも重役として出世を遂げたあとのことです。

A社の社内報に田所さんが登場。インタビュー記事が掲載されます。そこで田所さんは、A社との取引が始まった経緯を「もう昔のことだから打ち明けると」と前置きした上で暴露したのです。

それを読んだ社長（そのときはすでに第一線を退いていましたが）は、大笑いします。

社長は、「いや、田所さんの意図は、途中から気がついていたよ。熱心だからダマされたふりをしてただけなんだよ」と強弁します。

どこまでが本当なのかわかりませんが……。

巨大な敵と対抗せず、敵の大きな力を利用する

ライバルの商品を紹介する営業

強大な敵に対して真正面からまともに戦うのは避けろ、と『孫子』は教えます。敵をダマし、うまく利用するのが賢いやり方です。

『孫子』はいいます。

「巧みに敵を誘い出す者が敵にわかるような形を示すと、敵はきっとそれについ

てくるし、敵に何かを与えようとすると、敵はきっとそれを取りに来る。利を見せつけて誘い出し、裏をかいてそれに当たるのだ」（勢篇）

自動車販売会社の重役に上りつめた葛西博人さん（仮名）は、地方都市で営業マンをやっていたときの苦労話を披露してくれました。

「大手ライバル会社に、なかなか勝てないんだ。ほぼ同じ担当エリアを私は一人でカバーしているのに対し、向こうは二人で回っている。物理的に太刀打ちできないんだ。それじゃ、とばかりに夜遅くまで営業に回る。それこそ深夜十二時一時を回ってスナックで飲んでいるときも名刺を配るなどしていた。

しかし、心身ともにクタクタになって長続きしなかった。ライバル会社の二倍の戦力にはどうしても勝てなかった」

では、葛西さんがとった意外な戦い方とはどんなものなのでしょうか。

きっかけは、地元商工会議所のパーティでライバル会社の営業マンとバッタリ会ったときでした。葛西さんは名刺を差し出し、積極的に話しかけます。そして、

「実は私が回ったところのお客様の知り合いが、御社のクルマを欲しがっています。

よろしかったら紹介します」

と申し出たのです。怪訝《けげん》な顔をするライバルの営業マン。

そして後日、その顧客の希望する自動車をライバル会社から購入する手続きを、葛西さん自身が行なったのです。それこそ集金から納車まで。ライバルの営業マンにしてみれば濡れ手で粟。その後も営業先で希望があればライバル社の自動車を積極的に紹介したのです。

敵が喜ぶ情報を提供し、敵の力を逆利用する

最初は警戒していたライバルも次第に警戒心を解きます。

そうこうするうちにライバル会社の営業先で葛西さんの会社の自動車の希望があったときなど、葛西さんに回してくれるようになります。

それだけではありません。ライバル社の営業マンの得意先を回っているうちに、

「実は私の知り合いが、葛西さんのところの自動車を欲しがっているんだけど……」

といった声が上がるまでになったのです。

なにしろ葛西さんの二倍の人数で切り開いた営業網です。葛西さんが得るものははるかに大きいものとなりました。

強大な敵には対抗するより恭順な姿勢を見せて、相手のフトコロに飛び込みうまく敵の力を利用するのが賢いやり方です。

孫子課長が解説します。

「情報は、もらおうとするだけでは得られない。心を開いて積極的に相手に情報を提供することだ。情報を流すことで、それに対する反応も返ってくる。秘密主義の人間にあえて情報をもたらそうとはしないのが人情だ」

お客様からのクレームは宝の山

クレームがヒット商品を生む

貴重な情報を得ようとするには、外部のスタッフや顧客にも広くオープンにしなければなりません。

とりわけクレームをつけてくる顧客へは丁寧な対応が求められます。

とかくクレームをつけてくる顧客を敵視し、ぞんざいな態度を取る企業も見かけますが、これは単に顧客を逃がすだけではありません。**顧客のクレームには、改善すべ**

き点など重要な情報が含まれているケースも多いからです。

ある電器メーカー。ここではトップからの指示で、お客様からの些細なクレームも必ず研究所に報告するようになっていました。

あるとき一人の主婦が販売所に小言を言いにやってきます

「冷蔵庫を開けるのは、なにも野菜や魚だけを出すときだけじゃないわ。氷だけを取り出したいときに、いちいち大きな扉を開けていたら冷蔵庫のなかの温度が上がっちゃうわよ、電気代だってかかるし……」

この**クレームをヒントに誕生した製品が、2ドアタイプの冷蔵庫**でした。

魚や野菜を保存する冷蔵室と製氷する冷凍庫を分けた新しいタイプの冷蔵庫です。

今でこそ電器店には2ドア、3ドアの冷蔵庫は当たり前のように並んでいますが、それまでの冷蔵庫はドアが一つだけでした。

主婦のクレームがきっかけで世に出た2ドアの冷蔵庫はヒット商品となったのです。

孫子課長が分析します。

「対外的に心を開けば、それだけ有用な情報も入ってきやすい。逆に心を閉ざしてしまえば、役立つ情報も遮断されてしまうのじゃ。気がつかないところで大損していることに気がつかないままになっているケースも多いんじゃないかな」

相手が次にどう出るかを先読みする

データがない時代の野球

敵やライバルの出方をあらかじめ予測できれば、自軍も勝利に向けてどう対処すればいいか、対抗策も自ずと導き出されます。

いかに相手の手の内を読み取るかです。

「多数の木立がざわめき揺らぐのは、敵軍が森林の中を移動して進軍してくる。

あちこちに草を結んで覆い被せてあるのは、伏兵の存在を疑わせようとしている。

草むらから鳥が飛び立つのは、伏兵が散開している。

獣が驚いて走り出てくるのは、森林に潜む敵軍の奇襲攻撃である。

砂塵が高く舞い上がって、筋の先端がとがっているのは、戦車部隊が進撃してくる。

砂塵が低く垂れ込めて一面に広がっているのは、歩兵部隊が進撃してくる」（行軍篇）

スポーツでもデータを駆使し、相手の戦術を読み取る行為はいまや常識です。ビデオで相手の動きを繰り返しチェックし、クセを読み取るといった分析です。

野球はその先駆的存在です。

この野球のデータ分析の草分け的存在として有名なのが野村克也さんです。南海ホークスにテスト生として入団、その後三冠王として活躍し、引退後も数々の球団で監督を務め、チームを優勝に導いてきました。

その「野村野球」は「ＩＤ野球」と異名を取り、頭を使ったプレーが徹底されます。とはいえ、野村さんがプロ野球の世界に身を投じたときは、まだ草創期。データ分析など存在しません。野村さんが南海ホークスに入団したときの監督・鶴岡一人さんが初めてスコアラーを導入したほどです。スコアラーとは、試合の記録を行ないますが、相手ピッチャーがどんな球種を投げ、バッターがどう対応したかをこと細かく記録。対戦チームのデータを多く集め、対策も練っていきます。

とはいえ野村さんがバッティングで壁にぶち当たったとき、鶴岡監督にアドバイスを求めますが、「そんなもん、ボールがホームベースの上に来たら、それを打てばいいんや！」という答えが返ってきたというほど、バッティング理論、野球理論など存在しない時代でした。

観察データが勝つ理論をつくる——野村「ＩＤ野球」の場合

悩み抜いた野村さんは、藁にもすがる思いで野球に関する本を読み漁ります。

その数々の関連本に米国メジャー・リーグの名選手、テッド・ウィリアムズが著し

た打撃論の本がありました。そのなかの何気ない一文、

「ピッチャーは投げる前に、投げる球種を決めている……」

という箇所に引っ掛かります。当たり前の内容ですが、野村さんの心に響き渡ります。

（ピッチャーが球を投げる前に、どんな球種を投げるのかがわかれば、打つのはたやすくなるな……）

そう考えた野村さんは、対戦するピッチャーの投球モーションを徹底的に研究します。そして**相手ピッチャーのわずかなクセから投げる球種を読み取り、打撃に開眼**します。

直接、野村さんから伺った話ですが、一例を挙げると、球の握りは投げる瞬間は指先まではわかりませんが、手首は見えます。球の握りで手首に浮かび上がった筋が微妙に違うそうです。

そのため、一時期、ピッチャーは手首まで隠れるように長袖のアンダーシャツを身につけていたとか。

その後、野村さんは戦後初の三冠王を獲得するなど目覚ましい活躍を見せます。

「鋭い観察眼を持ち、敵（ライバル）を研究して相手の出方を知る。勝つためのの対策をあらかじめ立てるには必要なことなんじゃ」

柔軟性が勝利を呼び込む

状況は刻一刻と変化している

戦場において情報収集は百パーセント完璧であるとは限りません。

実際は錯誤の連続で、いかに致命的な読み違いをなくすかに勝敗はかかっています。

あるいは、状況の変化に応じて、いかに柔軟に対応できるかが大事なポイントとなります。

「戦い方には『奇法』と『正攻法』の二つがある。が、その組み合わせによる変

化は無数にある」（勢篇）

さらに、

「軍の態勢は水のようなものでなければならない。水の流れは高い所から低い所へ流れるが、軍の態勢も敵が備えているところを避けて隙のあるところを攻撃する。水は地形に沿って流れが決まるが、軍も敵の態勢に従って勝利を決する。だから軍には決まった態勢というものはなく、水には決まった形というものがない。敵情に従って柔軟に変化して勝利する」（虚実篇）

つまり、状況は刻一刻と変化しているので、その変化に合わせて自らの態勢も変えなければならないということです。

そのためには、**柔軟な組織づくり**が求められるわけです。

情報収集力不足によるダメージ

アメリカの実業家、デイビッド・マグワイアさん（仮名）は、大金をはたいて小さな山を購入します。

マグワイアさんはリゾートホテルを建てるか、住宅地として開発するという青写真を描いていました。

ところが、購入したあとに、とんでもないことに気がつきました。その山は猛毒を持つガラガラヘビの巣窟だったのです。それこそ近づくことさえ不可能な状況でした。

マグワイアさんは頭を抱えます。

（ダマされた！）と憤ってもあとの祭り。まさに情報収集力が不足していました。現地調査を怠ったツケが回ってきたのです。

日本でもマイホームを購入するときは、物件だけでなく周囲の環境も調べる必要があります。それも慎重に平日と休日、昼と夜それぞれ訪れて調べたいもの。マグワイアさんの失敗は調査不足が原因でした。

ガラガラヘビを駆除することも検討しました。専門業者に調査を依頼すると、相当なコストがかかることが判明。銀行に融資を依頼しても、断られてしまいます。

またそれだけ資金を投じても、高コスト体質となり周囲のデベロッパーが開発を進めているところには太刀打ちできません。

欠点をセールスポイントに変えた柔軟な発想

マグワイアさんはあれこれ知恵を絞ります。

そこで、発想を一八〇度転換させ「ガラガラヘビ公園」として売り出してみようと思いつきます。まさに窮余の一策。欠点を「売りモノ」として情報発信します。これが意外に大当たり。ヘビ好きのマニアは怖いもの見たさ、そして、ありきたりの観光地に飽きた物好きな旅行客でにぎわいを見せます。

さらに開発に大きな障壁となっていたガラガラヘビを利用します。ガラガラヘビの皮でお土産用の財布を試作すると、これまたヒット。バッグやベルトといったヘビ皮製品を売り出しては成功を収めたのです。

もしマグワイアさんが当初の計画通りにリゾートホテルや住宅地としてビジネスを推進していたら、そこまでの成功はおぼつかなかったでしょう。

「欠点をセールスポイントとして、情報発信したところが成功の秘訣だったな。周囲のライバルであるデベロッパーと同じ土俵、すなわち住宅地やリゾートホテルという『正攻法』で勝負したら勝ち目はなかった。『ガラガラヘビ公園』という奇襲だからこそ、周囲の強者と無駄で勝ち目の薄い消耗戦とならずに済んだわけだ」

強い者ではなく、「無形」こそが生き残る

変化に対応できない組織は絶滅する

戦争において戦況は刻一刻と変化していきます。

指揮官は、その変化を見極めながら、どう軍を動かすか瞬時に判断しなければなりません。

「軍には決まった形というものがなく、うまく敵情に応じて変化して勝利を収めるのが、計り知れない神業というものだ」（虚実篇）

ビジネスを取り巻く環境も、かつてないほどの勢いで変化しているように思えます。デジタル化に始まって、ＩｏＴ、ＡＩ（人工知能）……。技術の進歩でそれまで売れ筋だった商品があっという間に廃れてしまうケースは多々あります。

たとえばデジタル革命。

音楽を楽しむにはかつてはレコード盤にレコードをかけて聴くというスタイルが主流でした。

ところが、デジタル化によってＣＤが出現。そのためレコード盤やレコード針は姿を消します。そのＣＤも、いまや過去の産物になりつつあります。音源はダウンロードによってＣＤそのものが不要になってきたのです。

デジタル化に乗り遅れて姿を消した企業もあります。

デジタルカメラの出現によって、それまで写真撮影に使われていた写真フィルムは店頭から姿を消してしまいます。その世の変化についていけなかったフィルムメーカー、米イーストマン・コダック社は倒産（破産法適用）してしまいます。

その一方で日本国内でフィルムメーカー首位の富士フイルムは、写真フィルムのメーカーから医療映像や内視鏡を主力商品とすることに成功します。業界二位だったコニカ（現コニカミノルタ株式会社）は、総合印刷機を主力商品として変身することに成功しました。

時代の流れを敏感に感じ取り、その流れに沿って自らを変えていくことが、この激動の時代に求められるのです。

そのためには、組織や思考に柔軟性を持たせなければなりません。孫子のいうところの「無形」がそれに当たるのです。

「組織が硬直し、経営者や管理職の情報感度が鈍く、さらに挑戦しようという意識がない会社は、絶滅するしかないんだよ。常に新しく生まれ変わるという、環境に合わせた変化を遂げられる会社だけが生き残れるんだ」

リーダーにとって、威厳と同じくらい大切なもの

強すぎる威厳のデメリット

上に立つ者には、威厳が求められます。

ただし、その威厳が強すぎて部下が近寄りがたいという負の側面があります。それは**下から有益な情報が上がってこなくなる**からです。

そこは絶妙なバランスが求められるのです。

「道とは人民とその上に立つ者の心を一つにすることである」（始計篇）

ある退職者が教えてくれたこと

建築会社の社長、飯島義明さん（仮名）は、創業した父親の跡を継いだ二代目です。若いときから帝王学をたたき込まれ、社長業を継ぎました。

地域に密着し、一見、順調に見えたものの、飯島さんにはどこかしっくりこない「何か」を感じていました。

（もっとうまいやり方をすれば、会社だってさらに発展するはずだ）

原因は、**社員の定着率の低さ**でした。飯島さんは（いまどきの若者は、こんなものだろう）くらいにしか考えていませんでした。

ある日、社員の一人が会社を去ることになり、その送別会でのことです。その社員は親の介護で、「もっと時間の融通が利く職場に移る」と知ってショックを受けました。

（なんだ、そんなことならその社員のために、シフト制を敷くなどして対応したのに……）

上下の壁を取っ払い、風通しをよくする

社長は深く反省します。

（そういえば、オレは社員のことをもっと知ろうとする努力をしてこなかった）

社長は社内改革を断行します。

社長室をガラス張りにし、さらにいつでも社員が入りやすいように、ドアを開けっ放しにしておきます。

さらに社内で呼び合うとき、「社長」「部長」「課長」といった肩書での呼び方を禁止し、すべて「さん」づけで呼び合うようにします。社長も「飯島さん」、さらに社長が平社員を呼ぶときも「さん」づけです。

社内の上下の壁を取り払い、風通しをよくしようとしたのです。

その結果、社長は一人ひとりの社員の求めているもの、悩んでいることなどを常に把握できるようになりました。社員の定着率もよくなり、また外部からの情報もスム

ーズに入ってくるようになったのです。

孫子課長は言います。

「上に立つ者はある程度、威厳を保つ必要があるのは確かじゃ。規律を守らせるためにも必要なこと。だが行きすぎると、組織が息苦しくなり、誰も本音を打ち明けなくなる。風通しをよくするのも指揮官の役目。オンとオフの使い分けをさせるのも、情報がうまく伝わるようにする秘訣なのじゃ」

強大なライバルには、「差別化戦略」で対抗する

強大なライバルの「ミート」を避ける方法

ライバル会社が強大で、資金も人員も相手が優っているようであれば、真正面から対決することは避けるべきです。

「強者」に対しては、マーケティングでもよく使われる「差別化戦略」をとることです。

逆に、強者は弱者を潰してさらにシェアを広げるために、真正面からの対決を挑みます。この戦略は特に「ミート」と呼ばれています。

弱者としては、この**強者の「ミート」をできるだけ避けるような戦略**を採らなければ生き残れません。

それには、まず相手の動向を探り、観察することによって基本戦略を知り、差別化するのです。

先行したヒット商品の二番煎じで売り出す戦略もありますが、これは一時的な売上しか見込めないのです。長く生き残るには、マネではなく、違いを出すために敵情を探るのです。

巨大チェーンとの賢い戦い方

「自軍が近づいても敵が静まり返っているのは、相手が自らが位置する地形の有利さを頼みとしている」（行軍篇）

強大なライバルとうまく差別化して成功したのが、ハンバーガーチェーンのモスフードサービスの創業者、桜田慧さんです。

桜田さんは日本大学経済学部を卒業後、証券会社に就職します。しかし、社内は東大閥や一ツ橋大閥といった学閥が派閥を利かせているような状況で、その学閥外の桜田さんは報われない待遇にヤル気を喪失していきます。

（それなら、いっそ違う道を歩もう）

と起業の決意を固めます。

そこで目をつけたのがハンバーガーチェーン。

たまたま日本でマクドナルドの第一号店がオープンするというニュースと、桜田さん自身がロサンゼルスに駐在していた経験から本場のハンバーガーは日本でも受け入れられるという確信があったからです。

しかし、資金集め、そしてハンバーガーづくりの研究に没頭し、いよいよ第一号店をオープンしようとしたとき、すでにライバルのマクドナルドは「巨大化」していました。

資金力や知名度ではとてもかないません。自己資金に加え友人たちから借金をして集めた資金も、第一号店オープンまでにはかなり目減りしています。

マクドナルドの第一号店が銀座の三越だったのに対し、モスバーガー第一号店は東京・板橋の東武東上線成増駅前の空き地です。強大なライバルにはとても太刀打ちできそうにありません。

強敵と同じ土俵で戦わない

そこで桜田さんが採った戦略は、徹底した差別化戦略です。

まずライバルをしっかり観察・研究します。

マクドナルドが大量生産、スピード重視、低価格を売り物にしているなら、自らは**「一つのハンバーガーをつくるのに時間がかかっても、味にこだわった高級品で勝負する」**ことにしたのです。

マクドナルドが駅前の利便性のいい場所に出店して大量のお客様を呼び寄せているなら、多少不便な場所でも、わざわざモスバーガーを食べたいという顧客をターゲットにしました。

調理に時間がかかり、品質にもこだわったため商品の価格も高めになります。しかし、味にこだわった結果、多くのファンをゲットし、国内で業界二位の地位まで上りつめ、東証一部上場を果たします。

後年、マクドナルドの値下げに端を発する値下げ競争がファストフード界を席巻します。値下げ合戦はさながら消耗戦の様相を呈し、各社・各店舗は収益を悪化させますが、当初からのコンセプトを頑なに守り続けたモスバーガーは好調な業績を維持し続けます。

強大なライバルが存在する業界で生き残るには、けっして強敵と同じ土俵で戦ってはいけないのです。

「相手を徹底的に研究し、その戦略を読み取り、ライバルにはない自分だけの武器をつくり上げることが成功への道のりなんじゃ」

強敵が来ないところに拠点を置いて勝負する

強敵は、腕力で弱者を潰しにかかるもの

強大なライバルと真正面から対決してはまず勝ち目はありません。前項で紹介したモスバーガー店のように敵の盲点をついて、攻撃を避けるのです。

たとえば、敵（ライバル）には利益で誘導して、自らは敵（ライバル）が来ないところに布陣するのです。

「攻撃すれば拠点をまず奪取できるというのは、そもそも敵の守りがない地点を攻撃するからである。守ればまず堅固なのは、そもそも敵が攻撃してこない場所を守るからである」（虚実篇）

食品の小売りチェーンを営む小湊陽一さん（仮名）の会社には強大なライバルの同業者がいます。かつてライバルと同じエリアに出店し、手痛い目に遭いました。「ライバル、何するものぞ！」という意気込みはあったものの、ライバルの資金力、知名度には到底かないません。

同じエリアに弱小といえども挑戦者が現れたということで、ライバル会社にも火がつきます。ライバル会社は宣伝費を倍増させ、大きなキャンペーンを打ち出します。赤字出血をも厭《いと》わない特売日を設けたりと、小湊さんのショップを潰しにかかります。

事実、小湊さんのショップの売上は伸び悩み、オープンして1年も経たず撤退の憂き目に遭うのです。

ライバルのターゲットから外れたお客様を取り込む

その後、小湊さんは戦略を一八〇度転換させます。

新規で出店するときはライバル社が出店してこないような場所を狙いました。

具体的には、ライバル社がターミナル駅や複数の路線が交差する駅、急行電車が止まる比較的商圏が大きい駅前に出店する戦略とは真逆を行きます。

たとえば、ライバル社が急行停車駅に出店すれば、その近くの鈍行電車しか止まらない駅周辺に出店するのです。**ライバル社がターゲットとしている商圏の周縁に新規店をオープンさせる**のです。ライバル社のターゲットから外れた顧客を取り込むという戦略です。

しかも、オープンの時期もしっかりライバル社の動向を見極めます。

ライバル社が新しい店をオープンさせたすぐあとに自社の店もオープンさせます。

これにはライバル社が新規店を出したあとでは、資金面からもすぐに次の新規店は出してはこないだろうという読みがありました。

さらに、ライバル社が新規店をオープンさせ、大々的な宣伝活動を行なったあとなら商品が地元に浸透し、さらに「わざわざ隣駅まで買いに行くより、近くの店で買い物を済ませたい」というニーズを取り込んだわけです。

ライバル店に比べて売上は大きくはありません。

しかし、**小規模でも確実に顧客を取り込むことによって、着実な利益を上げる**ことができるのです。

大きな商圏で強大なライバルと競い合うより、小さな商圏でもライバルのいないところでしっかり固定客を獲得するほうが得策だったのです。

「孫子ではないが、ある兵法には『逃げるが勝ち』という戦略を説いている記述もある。負けないコツは強い相手とは戦わないことじゃ」

第三章

この嘘に
ダマされるな

早い行動と情報操作が成功につながる

たった1つの情報で成功したあの財閥

「兵は詭道なり」（計篇）

訳せば、「戦争とは、敵をダマす行為である」となります。

『孫子』における有名なフレーズの一つですが、情報戦における重要なエッセンスです。

戦争でもビジネスでも、**いかに正確な情報を敵**（ライバル）**より早く手に入れるか、相手を錯覚させて、自らに有利なほうへ導くか**が大事なポイントとなってきます。

この情報に対するいち早い行動、そして情報操作によって一代の財産を築いた人物がいます。

世界有数の財閥、ロスチャイルド家はヨーロッパに銀行を築くなど大きな存在となっています。そのロスチャイルド家のなかでもイギリスに渡ったネイサン・ロスチャイルドは、たった一つの「情報」で大成功を収めたのです。

金融取引業を営んでいたネイサンが活躍した当時、フランスではナポレオン1世が台頭していました。その脅威はネイサンがいるイギリスにも及びます。

イギリス軍とフランス軍は衝突します。世にいう「ワーテルローの戦い」です。

世界の金融の中心はロンドンにありましたが、もしフランス軍との戦いに敗れれば、その座をフランスに譲ることとなります。

イギリス軍は、オランダと連合することによってフランス軍を打ち破ることに成功します。ナポレオンの敗退の一報をネイサンは独自のルートでこれをいち早くゲットします。

もしイギリスが勝利を収めたとなれば、イギリスの株や国債の価格は上昇します。敗退したとなれば、逆に暴落。そういった状況でネイサンはどう行動を起こしたか。

ネイサンは**セオリーとは逆に、国債の「売り」に出た**のです。

ネイサンの動向を見守っていた金融関係者は、

「イギリスが負けた！　ナポレオン軍が勝利した」

と判断、ロンドンの市場関係者はいっせいに「売り」に回りました。

市場はパニック状態となり、イギリス国債と株価は大暴落。

その様子を見て、今度はネイサンは猛烈な「買い」に転じます。紙屑同然まで暴落していた株を買い、暴落していたイギリス国債を買いに買いまくります。取引所での取引を終えたあと、ネイサンはイギリス国債の実に62％を買い占めていました。

やがてナポレオン軍の敗退が伝わると、今度は国債価格と株価は急上昇。

３００万ドルで買い占めていた株と国債の価格は急上昇、実に２５００倍の価格、75億ドルにまで膨らんだのです。

正しい情報をいち早く得て、まわりをコントロールする

ネイサンの成功の要因は、いち早く重要な情報をつかんだことでしたが、それを市場に素直に流さず、他の投資家たちの判断を誤らせる行動に出たことです。この情報操作はのちに**「ネイサンの逆売り」**といわれるようになります。

孫子課長が解説します。

「ネイサンは誰も把握できていない情報をいち早く入手して、それを最大限に利用した。つまり、自分だけが情報を持ち、まわりが自分に注目している状況もしっかり理解できていた。その点も大きい。有利な立場を何倍にも有効活用し、まわりをコントロールすることによって、情報の価値を何倍にも高めたことになるわけだ」

「ただし……」と孫子課長は続けます。

「情報に操られるほうになってはダメだな。つまりネイサンの思惑をしっかり読み取ることが重要なんだ。ネイサンにつられて『売り』に回った投資家たちは損を被っているわけだ。ネイサンの陽動作戦に引っ掛かることなく、逆に『買い』に回っていれば、相当の利益をゲットできたわけだ」

その情報は本物かどうかを再確認せよ

人は情報をもとに行動を決める

戦いに臨むときに、まず「敵が何を求めているのか」「どのような作戦を立てているのか」を探ることが求められます。

ビジネスでも同じこと。**敵**（ライバル）**も相手には情報を漏らさないように**警戒します。

それどころか、**相手をかく乱しようと、わざとニセ情報を流したりします。**そこをどう対処していくかが成功のカギを握ります。

『孫子』はこう説きます。

「よく考えもしないで敵を侮っている者は、敵の捕虜にされるであろう」（行軍篇）

「戦争やビジネスに限らない。すべての人間の行動は、外界から五感に入ってくるデータ・情報をもとに次にとる行動を決める。そのデータや情報を読み違えれば、なんらかのデメリットを被るわけだ。

たとえば天気予報。それをチェックせずに外出して雨に降られれば、それは本人の責任になるわけだ」

誤報を生む2つの原因――裏取りと思い込み

データ・情報の読み違いは、「情報を扱うプロ」でもしばしば冒します。

それは「誤報」として現れます。

ｉＰＳ細胞（人工多能性幹細胞）に関する研究で京都大学の山中伸弥教授がノーベル生理学・医学賞を受賞しました。

その前にも韓国の生物学者、ファン・ウソク氏が同様のクローン研究者としてヒトの胚性幹細胞（ＥＳ細胞）の作成に成功したと報じられた誤報事件がありました。自然科学部門における韓国初のノーベル賞受賞の期待に韓国中が沸きました。ところが、そのファン教授の論文には捏造《ねつぞう》データがあることが判明。ファン教授の評判は地に落ちます。

その研究論文のデータが捏造であることをすぐに見抜くのは困難だったかもしれません。検証がもっと早ければ、ノーベル賞への期待が高かった人々を大いに失望させることもなかったかもしれませんが……。

ただ次のケースは、**情報の「裏取り」を怠ったための誤報**といわざるを得ません。

二〇一二年一〇月一一日、読売新聞朝刊の一面に、

「ｉＰＳ細胞の初めての臨床応用」

「ｉＰＳ細胞、世界初の心筋移植」

というトップ記事が掲載されます。

しかし、この成果を発表する予定だった国際会議に「細胞移植手術を行なった」と主張していたM氏が姿を見せません。さらに雲行きがおかしくなります。

M氏が客員講師を勤めていたハーバード大学が、

「M氏の研究に関するいかなる臨床研究も、ハーバード大学およびマサチューセッツ総合病院の倫理委員会で承認されていない」

との声明を出したのです。

M氏は、「六人の患者に移植手術を行なった」と取材で答えていましたが、その主張に疑問符がつきます。

その後、新聞その他のメディアがM氏のもとに殺到します。メディアが追及していくなかでM氏のウソが次々と発覚します。

結果として読売新聞は「大誤報」を報道してしまったことになります。

読売新聞は、

「M氏から論文草稿や細胞移植手術の動画とされる資料などの提供を受け、数時間に及ぶ直接取材を行なった上で記事にした」

と記しましたが、結果として取材が甘かった、情報収集、情報分析が甘かったといわざるを得ません。

つまり、M氏を取材し、それをそのまま**鵜呑み**したことが大きな失敗の原因となったわけです。

たとえば、手術を行なったとするマサチューセッツ総合病院や、実際に手術を受けたとする患者に話を聞くなどの、いわゆる**「裏取り」**がなかったのです。

孫子課長が厳しく指摘します。

「ダマされたほうは、『まさか、社会的地位がある人が、ウソをつくとは思えない』という思い込みがあったのだろうな。そういった思い込みは禁物。あらゆる可能性を想定しながら情報は分析しなければならないのじゃ」

「味方」の情報収集も怠ってはいけない

敵のみならず、味方の動向も注視する

戦いは「誤謬《ごびゅう》」の連続です。なぜならダマし合いであり、自軍の動きをできるだけ秘匿しようとするからです。

そこで偵察隊やスパイなどを使って相手の動向を探ろうとするわけです。敵の情勢がどうなのか、敵の次の一手はどうなのか……。

これは、**敵のみならず、味方**（部下や取引先）**の動向に対しても同じように神経を使**

わなければなりません。

社員の様子がどうなのか、上司としてできるだけ把握しておきたいところです。

株式を上場している企業は、事業内容のほか決算の内容、財務状況などを公開しなければなりません。

しかし、財務状況が悪化してくると粉飾という違法行為を犯す企業も出てきます。それには取引先からの信用を失い事業に支障が出る、株価が下がる、銀行からの融資に支障が出るといった理由が挙げられます。

そういった企業に関係する者は、その「嘘」を見抜かなければ、大きな損害を被ることになります。

『孫子』は敵をよく観察することによって、その次の行動を予測することも可能だと説きます。

「木々がざわめいてるのは、敵軍が進軍してきている。あちこちに草が覆い被せてあるのは、伏兵を疑わせようとしている。鳥が飛び立つのは、伏兵がいる。獣が驚いて飛び出てくるのは、敵の奇襲がある」（行軍篇）

状況をよく観察しながら、敵の作戦を読み取れと教え説いているのです。

取引先の倒産を察知

取引先の倒産をいち早く察知して、難を逃れた企業があります。

永山芳樹さん（仮名＝当時営業部長）が取引先の異変に気がついたのは、部下の営業マンのさり気ないひと言でした。

「なんかさぁ～、A社の人たちって、最近せわしないというか、余裕がない感じなんだよね」

同僚同士でランチをとっているときの会話を耳にしたのです。

その部下の言葉に引っ掛かるものを感じ、営業部長である永山さん自身が「あいさつ」を名目にA社を訪れます。夕刻のことでしたが、永山さんには特にA社の変わった様子は感じられませんでした。

（思い過ごしか……）

帰り際、永山さんはA社近くの食堂に入りランチをとります。そこは永山さんが最前線の営業マンだったころ、馴染みだった食堂です。昔なじみのおかみさんが永山さんを迎えます。

「永山さんも偉くなっちゃったから、もう来なくなったかと思ったわよ」

「そうだね〜、昔はここでゴハン食べるために、A社とのアポイントを昼近くに入れていたんだよね」

などと世間話をしながら探りを入れます。

「おばちゃん、どうなの景気は」

「それが、あまりよくないのよ、特に夜が……。**A社ったら、残業が禁止になって夜食代も出なくなったのよ**。だからA社さんのお客様、めっきり減っちゃってね……」

（あっ！）

永山さんは心で軽く叫びます。

永山さんはさらにA社の動向を調べ（A社はいずれ倒産するかもしれない）と判断。社長に直訴して、A社との取引の見直しや、少なくとも現金取引にするよう進言します。先代社長時代からの古い付き合いのあるA社だけに、最初は渋っていた社長も、永山さんの熱のこもった説得に応じ、A社との取引を縮小させます。

秘密はいつか漏れる

果たして数カ月後、A社は不渡手形を出し、あえなく倒産。永山さんの会社は被害を最小限に抑えることができたのでした。

孫子課長がコメントします。

「都合の悪いところは秘密を守り通したいというのが人情だ。たとえ味方でも、その状況を知らないでいると、とんでもない損失を被ることだってある。

だから、時には、隠し通そうとする秘密を暴き立てなければならないときだってある。そして必死に隠そうとしても、わずかな兆候は漏れてしまうものだ。そこでいかに情報に対して敏感になるか、しっかりした観察眼を持つかが勝負の分かれ目になるのじゃ」

上司への忖度しすぎは、誤った判断を招く

中間管理職が組織の質を決める

軍隊でも会社でも、いずれの組織でも中間管理職のあり方は難しいものです。

あまりに「上」の顔色をうかがいすぎて唯々諾々としたスタンスを取り続けると、部下からの人望を失いかねません。とりわけ上層部に忖度し過ぎると、組織の柔軟性がなくなってしまいます。

「将軍が弱腰で厳しさに欠け、軍令も明確ではなく、役人と兵士たちの役割もあいまいで、陣立てもいいかげんでは、軍を乱れさせる」（地形篇）

赤字続きの伝統商品を切るかどうか？

ノベルティグッズの製造・販売を行なっている従業員五〇人足らずの会社に就職して八年目の芝浦浩三さん（仮名）は、課長に昇進、初めて重役を交えた企画会議に出席します。

その会議の終わりに、かねがね芝浦さんや若手社員が疑問に思っていたことを口にしました。

ある商品名を挙げて、

「ずっと赤字続きのこの商品、なぜ廃盤にしないのですか」

と発言したのです。

会議に居並ぶ上司の部長のみならず、重役たちが凍りつきます。シーンと静まり返った会議室で次に口を開いたのは、すでに息子に社長の座を譲り実質上第一線から退いている会長です。

「そやな、コレはもう過去のモノやから、止めにしたらいいやろ」

その言葉を残して、会長は部屋を出ていきました。

上司の顔色をうかがう中間管理職の悲哀

芝浦さんを除くは他の社員たちは、会長の真意を測りかねます。

というのも、その商品とは、創業者である会長が創業時に自ら開発し、草創期に大きな利益を上げ、会社発展の礎を築きあげたものだからです。

時代とともに売れ行きは落ちていきましたが、記念碑的な存在としてカタログに残っていたのです。

営業マンたちからの話では、得意先からは
「この商品、まだあるんだね……。懐かしいな」

「いまどきこんなグッズは使えないよ」

などという声が上がっていたからです。

しかし、**会社上層部は、会長自ら開発し会社発展に貢献した商品を外すことは、「天皇」の異名を取るワンマン会長の手前、口にすらできなかった**のです。

会長の言葉をどうとらえていいかわからず、二代目社長は創業時からの腹心とともに会長にお伺いを立てます。

「本当にあの商品を外してよろしいのでしょうか」

「いいって、言ったやろ」

社長は胸をなでおろしながら、会長の指示どおりにします。

しかし、身を案じられたのが芝浦さんです。

「アイツは、会長の機嫌を損ねてしまったんじゃないか」

という懸念の声が広がりました。

が、その後**芝浦さんは、「順調に」というよりも早いスピードで昇進**を続けています。

相手の過大評価、過小評価が、情報錯誤を引き起こす

このエピソードが物語るのは、一つには**過去の成功体験にとらわれて自ら変化・進化を遂げることを怠ってはいけない**ということ。

それとともに、中間管理職が、あまりに上役の顔色をうかがい過ぎて、**その威光を必要以上に恐れてはいけない**ということです。

「これを進言したら、機嫌を損ねないか」

「余計なことを言ったら、オレの身が危ない」

などと想像を膨らませすぎて状況判断を誤ってしまっているのです。

その点、芝浦さんは「過去の亡霊」ともいえる会長の威光にとらわれることなく、会社経営にとって必要な状況判断を下すことができたのです。戦場においては敵戦力を過大に評価したり、あるいは過小評価したりする錯誤はつきものですが、ビジネスの現場においても避けなければならない情報分析の一つといえます。

第四章

自らの情報は相手に漏らさない

相手にこちらの動きを悟られない方法

戦いの目的は、競争ではない

『孫子』が説く戦略・戦術は言ってみれば「弱者の戦略・戦術」といえます。
戦力が劣る者が強大な敵にどう挑むか。
その秘訣は、「真正面からまともに衝突しないこと」となります。
そのためにどうしたらいいのか。

「こういうときに役立つのが『孫子』の虚実篇にあるのじゃ、その一文は次のようになっている」

「千里を行ないて労れざる者は、無人の地を行けばなり。攻めて必ず取る者は、その守らざる所を攻むればなり。守りて必らず固き者は、その攻めざる所を守ればなり。故に善く攻むる者には、敵、その守る所を知らず。善く守る者には、敵、その攻むる所を知らず。微なるかな微なるかな、無形に至る」（虚実篇）

これを訳すると、

「千里の長い距離を遠征しながら危険な目に遭わないのは、敵がいない地域を進軍するからである。攻撃すれば間違いなく奪取するのは、そもそも敵が守備していない拠点を攻撃するからだ。守っては堅固なのは、そもそも敵が攻撃してこない拠点を守るからである。

この方法を取って攻撃の巧みな者にかかると、敵はどこを守ればいいのか判断がつかず、守備の巧みな者にかかると、敵はどこを攻めればいいのか判断できない。微妙、微妙、最高の形は無形ということになる」

となります。

兵力が劣る軍（組織）は強者と真正面から対峙することなく、敵の隙をついて行動することになります。

戦いの目的は戦うこと（競争）ではなく、勝利（成功）を収めることにあるのです。

戦わずして勝つための鉄則

「究極の勝利は『戦わずして勝つ』ことにあるのじゃ」

それには、**敵の動きを察知しつつも、自軍の動きは敵にできるだけ悟られないようにする**ことです。

『孫子』が強調する「無形」とは、**状況に応じて柔軟に変化する**組織体系です。

硬直した組織ではなかなか外の環境変化に対応できませんが、弱者の立場である小さな組織では、それが可能です。

弱者はその利点を最大限に活かすべきです。

状況や敵方（ライバル）の状況に応じて柔軟に対応し、強大な敵の攻撃をうまくかわすようにします。敵にはこちらの情勢を知られることなく、隠密裏に行動するようにするのです。

徹底的な秘匿は最強のゲリラ戦術になる

孫子課長が、知り合いの企業が新規事業参入した際、先発の強大な企業の攻撃をうまくかわして成功した事例を紹介します。

「それは大手飲料メーカーA社だ。新規のビール事業に参入したとき、ライバル会社に知られることなく準備し、妨害行為を防いだ隠密行動にある。
実は、それ以前に別の飲料会社B社がビール事業に参入したとき、先発企業から陰

に陽に嫌がらせを受けて失敗した事例に学んだのじゃ」

B社がビール事業に参入すると発表したあと、さっそく先発のビール会社は行動を起こします。

ビール工場を建設するにあたっては、役所の許認可を得なければなりません。先発企業はB社のビール事業参入の発表を受けて、自社のビール工場拡張の申請を行ないます。そのためB社の申請に対する審査がどんどん遅れていきます。

さらに先発企業は、ビールの新製品を売り出し、大々的な宣伝活動を行ないます。そのため、B社の新しいビールはかすんでしまい、売れ行きが伸びません。ついにはB社はビール事業から撤退することとなったのです。

A社は、このB社の失敗事例をつぶさに研究します。そしてビール事業参入に関しては、**徹底的に秘密主義を通した**のです。

社内の関係者の間では「ビール」という言葉は使用禁止、すべて隠語で通します。工場用地や製造機械の発注に関しても秘密裏に行ないます。

研究員をドイツに留学させたときは、家族にも「ウイスキー用麦芽の研究目的」と告げさせたほどです。

準備万端整ったところで、ホテルでビール事業参入の記者会見を行ないました。

記者会見場に集まった記者たちの間から、どよめきの声があがりました。

その驚きは、

「よくぞ今日に至るまで秘密を守り通したものだ」

というものでした。

A社はB社が直面した**「強者からの攻撃」を受けることなく新規事業に参入**できたのです。

孫子課長が、A社の成功要因を分析します。

「A社は大企業でも、新規事業においては弱者の立場にある。だからこそ強者である先発企業の干渉がないように隠密行動をとった。強大な敵とは真正面から衝突しては勝ち目がない。弱者はできるだけ強者の隙を突くゲリラ戦で臨むことなんじゃ。A社の戦い方はまさにゲリラ戦術だったわけだ」

相手の情報操作にご用心

現代に氾濫する情報操作

戦場では自軍に有利に戦局を進めるために、相手方に正確な戦況を知らせないように情報操作が盛んに行なわれます。

偽装工作などで相手を錯覚させたりするのです。

逆にいえば、こういった相手の情報操作に乗せられないようにしたいものです。

「実際は目的地に近づいていながら、敵に対しては、まだ目的地から遠く離れているかのように見せかける。実際は目的地から遠く離れているにもかかわらず、敵に対しては、すでに目的地に近づいたかのように見せかける」（始計篇）

ビジネス現場でも、交渉時に有利なように情報操作をすることはあります。

たとえばテレビＣＭでは、いかに自社製品が優れているか、演出に工夫が凝らされます。

さらにテレビ番組では、視聴者の関心を引くため、さまざまな演出がされますが、時には過剰な演出が行なわれ、「ヤラセ」として社会問題にもなりました。

こういった制作者側の意図は、よく観察したりちょっと視点を変えたりすることで見抜けるものです。

ヤラセ番組の手口

かつて2時間スペシャル番組で、冒険隊がさまざまな秘境を訪れる番組があり、数々のヤラセが指摘されていました。

山中に垂直に切り立った洞穴（竪穴）があります。数十メートルの深さがある竪穴は、自然にできた落とし穴になっています。

さらにその洞穴には「姥捨て」伝説もあったのです。口減らしのため、お年寄りを生きたまま遺棄するという、昔、飢饉に襲われたときに行なわれたものです。

探検隊の目的は、本当に姥捨てが行なわれたのか、あったとしたらその遺体を探し出して供養するというものでした。

探検隊は、垂直に切り立った断崖をロープを伝って降りていきます。洞穴の底には、土がうず高く円錐形に積もっています。何万年もの間、地上から少しずつ落ちてきた土が山となっているのです。隊員が少しずつ土を取り除いていくと、骨が出てきます。

みんなで手を合わせ、お線香を焚きながら隊長がつぶやきます。

「こんなところで一人で何年も置き去りにされてね……気の毒だ……」

ところが、さらに掘り進めると出てくる出てくる……何万年もの間、誤って落ちた動物たちの骨です。

鑑定のため持ち込まれた研究所のデスクの上に山積みです。鑑定の結果は、シカ、イノシシ、クマ、オオカミ……、肝心の人骨はありません。

しかし、鑑定不能の小さな骨片が三つ残ります。番組のラストで、その三つの骨片を一つひとつ大写しし、大げさな効果音を響かせます。

「これは人骨ではないか？」と思わせる演出です。

しかし、ちょっと考えれば、とても人骨とは考えにくいものです。何万年もの間に落下してきた動物のなかでも「姥捨て」の伝説が残るくらいの過去であれば、当然もっと大きな人骨が残っているはずです。

「鑑定不能」といっても、人骨かそうでないかは区別はつくのでは？　そう思ってこういうことに詳しい方に伺うと、「人骨であれば、だいたいどの部位でも判明するはず」とのこと。

その「鑑定不能」とした研究員にしても「では、この三つの骨片は人骨ですか」と質問をぶつけたら、「いや、人骨ではないでしょう」という回答が返ってきたのではないかと想像します。

しかし、番組ではその点はあいまいにされました。

倫理的にも問題視された「ヤラセ」とまではいきませんが、明らかな**印象操作**です。

宣伝文句のメカニズム

別の項目でも強調したように、データを吟味するときはあらゆる角度から見つめ、検討することです。

世の中にはさまざまな宣伝やプロパガンダがあふれかえっています。

安易な「コピー」にはダマされないことです。

宣伝文句にはよく、

「2割引き」（＝いつも2割引き。つまり、もともとの価格なのに、いかにもお買い得に思わせる）

「SALE」（＝いつもSALE）

「目玉商品」（＝目玉商品は安価な商品がごくわずか。とりあえずショップに来させてお客様に買わせる）

といったコピーがありますが、相手方の真意やその真相を知らないと、損をするだけです。

持っている情報の数で、ダマされるかどうかが決まる

もう一つ事例を挙げましょう。

ある繁華街に**三日間だけオープンする店舗**があります。バッグやファッション用品、靴店などが入れ代わり立ち替わり商品を並べます。開店初日は**「開店セール」**。二日目も**「開店セール」**。そして三日目は**「閉店セール」**。

繁華街ですから、昼休み時や帰宅時には、通勤のサラリーマンやOL、さらに地方から買い物に来たお客様などで通行人が増える時間帯には、店員が「新しくオープンしました、開店セールで～す」と大声を張り上げます。

そして三日目には、「閉店セールです！　お買い得になっていますよ。店内のバッグは一律3000円です！」というように、いかにも安く価格設定しているように思わせるのです。

地元の人々は、「ああ、またやっているな」とその真意を見抜きます。

しかし、たまにしか通らない人は本当に「お買い得だ」と錯覚させられてしまうのです。

地元は、見慣れている（＝複数のデータを持っている）のに対し、たまたま近くを通り合わせた人は、一点だけのデータしかないので「ダマされて」しまうのです。

相手の諜報活動から身を守る方法

現代のスパイ行動「サイバー攻撃」

戦争にスパイ行為はつきものです。敵情を探り、敵の戦力を計り、その上で自軍の戦略を立てます。

逆にいえば、敵からのスパイ行為をいかに防ぐか（防諜）が大事になってきます。平時においても外交の世界やビジネス界などでもスパイ行為はけっして珍しくはありません。近年、特に目立つのがサイバー攻撃です。相手のコンピュータに侵入し、機密情報を盗むといった手口です。

中国国家安全省の当局者ら中国人一〇人が、アメリカやフランスの企業にサイバー攻撃を仕掛け、航空機エンジンの機密情報を盗んだとして逮捕された事件が本書執筆時でも発生しています。

企業間での企業秘密の盗用は表に出ることが少なく、水面下ではかなりあるのではないでしょうか。明確な証拠がない限り、表沙汰になることがないからです。

孫子が分類する5つのスパイ

『孫子』ではスパイを「間」と称し、五つに分類しています（用間篇）。すなわち「因間」「内間」「反間」「死間」「生間」の五種類です。

◉因間……敵国内の民間人を手づるに諜報活動をさせる。
◉内間……敵国の官僚を手なづけ諜報活動をさせる。
◉反間……敵国のスパイを逆利用して諜報活動をさせる。

◉**死間**……虚偽の情報を流して、配下の間諜にその情報を告げさせておいて、敵の間諜をダマす。

◉**生間**……繰り返し敵国に侵入しては生還して情報を持ち帰る。

身近なところでも情報戦（スパイ戦）はあるのではないか、そう思わせる事例が筆者の知っている企業でも発生したようです。明確な証拠はなく、結局うやむやとなり、表沙汰にはなりませんでしたが。

スパイをあぶり出す方法

このようなスパイをあぶり出すにはどうしたらいいのでしょうか。自軍（自社）の情報がライバルに漏れるのを防ぐためにも重要なポイントです。

次のケースは、同じ企業内の派閥間での出来事です。

福原健英さん（仮名）が率いる事業部は、同期の下村紀夫さん（仮名）の事業部とライバル関係にありました。

お互いに他の事業部を巻き込みながら、派閥間戦争を繰り広げていました。

これは、福原さん、下村さんそれぞれの出世競争に直結していたのです。

あるとき、福原さんはおかしなことに気がつきます。自派閥内の情報がライバルに漏れていると感じたのです。

それは、たとえば「社員○○の長女が今年高校受験だ」といったたわいないものでしたが、福原さんは（これはマズイ）と危機感を抱きます。

（いずれ、なにかしら弱みを握られるとか、大事につながりかねない）

福原さんは、腹心の社員と対策を講じます。

そこで浮かび上がった「容疑者」は、新入社員を含む若手社員三人。派閥に帰属しているという意識が薄く、同年代の社員たちとも飲み歩いているのです。

福原さんは一計を案じます。

三人それぞれの**「容疑者」たち一人ひとりに、たわいもない情報を流します**。その個別に流した情報が、どれだけ外に漏れているかをチェックし、「犯人」をあぶり出したのです。

そして、福原さんは、その社員を派閥の重要な会合からは外すようにしました。

「大事な情報は守らなければならないのは当然のこと。この福原派閥の内部のスパイは、『五つの用間』に当てはめれば、おそらく『因間』に当たるんだろうな。もちろんスパイとされる本人にはその意識はないし、ライバル派閥にもそんな意識はなかっただろう。

ただ、無意識のうちに身内の情報を垂れ流す輩にはよほど気をつけなければならない」

ドラマや小説の世界だけではない

本格的なスパイである「工作員」にしろ、前項の福原さんの部下のような意識していない情報漏えい者にしろ、自らの利益を守るためには、情報漏えいには最大限の配慮が必要です。

ライバルから機密情報を盗み出そうとする行為など、それこそ小説か映画の世界だけだと思われかねませんが、筆者の知人の企業でもスパイ行為があったという事例があります。

カリスマ創業者が率いる新興の大手情報産業A社。このA社が発行する雑誌の一つに住宅情報誌がありました。

これに対し大手新聞社B社がライバル誌となる住宅情報誌を創刊させます。

私の知人は、B社住宅情報誌の編集部に在籍していました。その知人が
「確かな証拠があるわけではないが、A社にスパイ行為があったようなんだ。わが社でも調査したけれど、確たる証拠がなくうやむやになったが……」

そのスパイ行為の全容は以下のとおり。

A社の情報誌が特集記事を組みます。B社の数日間に発行されるA社の情報誌にB社と同じ内容の特集記事が掲載されているのです。

そういうことが続いたので、「これならA社と重複することはないだろう」という、変わった特集を立てます。それでも、その直前に発売されたA社の情報誌に同様の企画が掲載されているのです。

(わが社の情報が、A社に漏れている！)

B社内に疑心暗鬼が生じます。

（誰だ⁉　スパイは？）

A社は業界に人材を多く輩出することで知られ、B社編集部や関連部署にはA社からの転職組が数人います。疑惑の目はそのA社からの転職者に向けられますが、結局、証拠は何もなく、犯人は最後までわからずじまいでした。その結果、B社の住宅情報誌は数年ののち消えてなくなります。

A社がスパイ行為を働いていたという事実は定かでないのですが、こういったスパイ行為もありうるということだけは記しておきます。

相手のスパイ工作を逆利用する

厳しい企業間競争にはスパイ行為があってもおかしくないという認識は持ったほうがいいでしょう。事実、中国のアメリカの民間企業へのスパイ行為、ハッカー攻撃などが明らかになっています。

これらのスパイ活動にどう対処するか、孫子課長がアドバイスします。

「防諜というが、単にスパイ工作を防ぐだけでなく、逆に利用する手もある。
これを『反間』というんだが……」

先の福原さんの会社のケースでも、同じ手口が使われています。

福原さんに、

「そのようなスパイ行為を働く部下がいたときは、どう対処するのでしょうか」

と尋ねたところ、

「悪気のない若手社員だから、特に厳しく排除したりしないよ。たわいない情報なら、あえてそいつを通して相手方に流してやる。そして、**いざというときには大きな虚偽情報を流してやる**んだ」（福原さん）

そして、乾坤一擲の虚偽情報を流します。

福原さんの部署から、会社側に対する待遇の不満が出ます。福原さんもその不満を抑えきることができなくなります。

福原さんは、派閥の会合で、

「実は、〇〇社（福原さんの会社のライバル会社）からスカウトの声がかかっている。しかもオレ一人ではなく、それこそ部署丸ごとだ」

と酔った勢いで虚偽情報を漏らします（わざと漏らしたというほうが正確でしょう）。

その話の内容は、同じ派閥内の若手「口軽」社員から社内に漏れ、会社上層部に伝わります。会社としては福原さんの引き留めに尽力し、待遇がよくなったということです。

「この手口は、まさにスパイを逆利用して、相手方に虚偽の情報を流して敵（ライバル）を陽動する作戦。まさに『反間』というやつだな。

ただ、ここでもう一つ、隠れた大きなポイントがある。引き抜きにあっているという福原に対し、会社側では大きく評価しているということだ。もし福原自身が考えているほど本人とその部署に対する評価が高くなければ、会社側としては福原をかえって冷遇しただろう。その点を見誤らなかった福原の大きな賭けだったわけだ」

「コスト削減」と「敵にダメージを与える」というWメリット

この反間にはもう一つ大きな意味があります。

『孫子』では次のように言っています。

「遠征軍を率いる指揮官は、できるだけ敵の領地内で食糧を調達すべきである」

（作戦篇）

これは、いわゆる「兵站」の問題だけではありません。

兵站とは後方部隊から前線へ食糧や武器などの物資を輸送する任務のこと。自国から物資を運べばそれなりにコストはかかるが、敵の領土内で調達すれば、そのコストが省けるだけでなく、敵そのものに打撃を与えるということで、二重のメリットがあるのです。

「反間」は、**敵に情報が漏れるのを防ぐだけでなく、敵のスパイを利用することによって、敵の情報を得たり、敵にニセ情報を流して相手を混乱させる効用**がプラスとして期待できるわけです。

人気ビジネス漫画で描かれた「反間」の典型例

この敵のスパイを逆利用する手口。実際のビジネス現場で起こった事例を紹介しようと思いました……が、あまりに生々しく差し障りがあるので、フィクションの世界で描かれた事例を紹介します。フィクションといえどもよくできており、その構図がわかりやすくなっています。

そのフィクションとはマンガ『課長　島耕作』（講談社）。大手電器メーカー宣伝部に勤務するスーパーサラリーマンの活躍を描いた作品です。

その主人公、島耕作が勤務する初芝電器産業が、アメリカの映画会社（コスモス映画）を買収することになります。島は上司の中沢部長とともに交渉にあたります。

しかし、価格交渉が難航、その過程で「情報が漏れているのでは」と島たちは疑い始めます。盗聴マイクが仕掛けられているのか、身内にスパイがいるのか……。

そうこうしているうちに、初芝電産のライバル会社・東立電工もコスモス映画買収競争に参入してきます。

そしてひょんなことから、島は同じ初芝電産の泉がライバルと通じていることを突き止めます。そして、コスモス映画は、初芝と東立電工との入札という形で売却されることになりました。東立との買収競争となったわけです。

そこで、島と中沢は、泉を通して**敵方にニセ情報を流そうと大芝居**を打ちます。

泉が同席しているところで、本社から中沢宛に電話（ニセ電話）が入ります。

「買収予算80億ドルを、本社から72億ドルに抑えろという指示を受けた」と打ち明けます。コスモス映画には74億ドルで買収すると交渉していたところでした。

泉の前で中沢と島は頭を抱えたふりをします。

そして泉は、そのニセ情報を東立電工側に流します。そして入札当日。

島たちはいろいろ考えを巡らせます。

（東立は、我々、初芝電産が72億ドルしか出せないと思っている。すると東立はその

72億ドルにわずかに上乗せした価格で入札するはずだ）

島たちの予測は的中し、東立の入札価格は72億5000万ドル。初芝は74億9000万ドルで入札。島たちのトラップにかかり東立は敗退します。

「これはまさに『反間』の典型例だな。泉という敵方のスパイを逆利用して敵方にニセ情報を流し、うまくコントロールする。スパイの存在に気がついたところで初芝の勝利は決まったということだ」

この『課長　島耕作』はフィクションです。（現実にはこんなスパイ合戦なんかあるわけがない）と思われるかもしれませんが、いやいや厳しい競争社会では珍しくないのです。

情報提供者への利益供与を惜しんではいけない

ハニートラップという罠

スパイ行為にかかわらず、情報を得たいときには、情報提供者へ利益を与えることです。

『孫子』にもあります。

「敵が利益を求めているときは、その利益をエサに敵の戦力を奪い取る」（計篇）

情報戦において敵（ライバル）の動向を探るには、それなりのコストがかかります。**情報提供者への利益供与はどうしても必要**になります。

それはスパイ合戦でも当てはまります。

『孫子』でもスパイの活用について記した「用間篇」では、戦争は莫大な費用がかかる。だから、間諜（スパイ）に地位や報奨金を与えるのを惜しんではいけない、と戒めています。

逆にいえば、**目先の利得に釣られて容易に情報を流してはいけない**ということです。目先の欲得に釣られて相手のコントロール下に陥る典型例がハニートラップといえるでしょう。いわゆる「色仕掛け」です。

このハニートラップは、もともと（旧）ソビエト連邦を中心とした共産圏でその手口が発達しましたが、源流は、『孫子』を中心とした中国兵法にあることは明白です。

日本の政治家や官僚が、中国や北朝鮮のハニートラップに引っ掛かったというウワサはいくつかあります。

中国の公安当局から差し向けられた美女とねんごろになった要人が、日本に帰国する際、美女との〝ツーショット〟写真をお土産として渡されるのです。

これは中国当局からの、

「我々の思いどおりの言動をしろ、意に逆らうと、この写真をばらまくぞ」

という無言の圧力です。

ハニートラップの逆利用術

西欧諸国では、このハニートラップに対する「カウンター・インテリジェンス」（防諜）のシステムが確立しています。

ハニートラップに引っ掛かったと報告すれば、そのスキャンダルについては免罪とすることが取り決められています。

そして、敵から情報提供などを要求されたときの対応策なども指導します。**当たり障りない情報を流し、信用させます。そして重要な局面のときに、ニセ情報を流し敵方に損失を与える**のです。

それこそ先に紹介した『課長　島耕作』のなかでスパイだった泉が逆に利用されて

ニセ情報を伝えたようなことになるわけです。

相手が欲しがっている情報を把握する

ハニートラップなどで情報を得ようとするとき、情報提供者の求めているものが何であるかを把握することが重要なポイントといえます。

筆者は中国のハニートラップを仕掛けられたという人物からその手口を直接、伺ったことがあります。

日本の要人ですが、国際会議で中国を訪問したときのこと。専属の通訳として中国当局からあてがわれた通訳がものすごい美女。晩餐会でも隣の席に座り、時には耳元で話しかけるようにして熱い息を吹きかけてきたといいます。

「向こうの調査力がすごい。私の好みを綿密に調査して、それに合致する美女をあてがってきているんだ」とは本人の弁。

晩餐会のあと、個人的に二次会に誘われますが、中国当局の思惑をあらかじめ知っていたので、その誘いには乗りませんでした。

ちなみに同行した別の政治家がホテルに戻ると、部屋で美女が待ち受けていて、足を洗うサービスをしてくれます。ベッドに腰掛けて足を出すと、お湯の入った洗面器に足を入れ素手で丁寧に洗ってくれるのです。その政治家からはひざまづいた女性の胸元がくっきり見えるのです。よほど理性が利かないと、向こう側の思うつぼにハマってしまうわけです（その政治家がハニートラップに引っ掛かったかどうかまでは、わかりませんが……）。

「この相手が欲しがっているものを的確に把握することも、重要なポイントだな。まさに『敵を知り』の要だ」

ただ、その調査力が弱く、相手の欲しがっているもの（＝弱点）を読み違えると、思惑通りにはいかなくなります。

ハニートラップの笑える話

以下、余談ですがプレス関係者から漏れ伝わってきたエピソードです。

小泉純一郎元首相と安倍晋三首相が、両者とも首相になる前のこと。

二人が訪中した際、小泉さんがホテルの部屋に戻ると、部屋の前に中国十三億人のなかから選りすぐられた美女が十数人待ち構えていました。そのなかから一人を選べということだったのでしょう。

先方の思惑は、ハニートラップにかけるつもりだったのか、単なる接待のつもりだったのか、その意図はわかりません。小泉さんは、ハニートラップのことは重々承知だったので、その手には乗りません。

一方の安倍さんは……。

安倍さんが部屋に戻ると、部屋の前には美女ならぬ若い男がずらっと並んでいました。「その趣味」がなかったのか、中国当局の意図を見抜いていたのか、安倍さんもその誘惑には乗りません。

あとで安倍さんは、「中国公安の調査力はすごいと聞いていたけど、これはいったいどうなっているんだ」とブツブツつぶやいていたそうです。

第五章

情報をうまく伝え、相手をコントロールする

情報発信は、作法とタイミングが9割

情報入手がうまい人がやっている　たった1つのコツ

情報はそれを得て役立てようとするだけでは、うまくいきません。**情報は自ら発信することも重要**です。情報を発信することによって、逆に情報も入りやすくなるのです。情報を秘匿しようとすれば、相手からの情報も入りにくくなってしまいます。

「古い兵法書では『口頭で伝えようとしても聞こえないから、太鼓や鉦といった鳴り物を使う。指し示しても見えないから、旗やのぼりを使う』とある。鳴り物や旗は、兵士たちの動きを統一させるためにある」（軍争篇）

この「孫子」の言葉は、もともとは指揮系統の重要性を訴えたものです。指揮官の意志・命令を部下たちにいかに正確に伝えるか。その方法を紹介しているわけですが、上官と兵士、上司と部下のコミュニケーションのあり方、その重要性を訴えています。

上司の明確な意志が伝わってこないと、部下たちは不安に駆られ、組織はバラバラになってしまうのです。

不祥事対応で一番大切なこと

情報開示は上から下だけでなく、内から外へ向けての発信も重要です。

ここ数年、日本の企業や官庁において、情報の秘匿や隠ぺいが大きな問題となってきました。食品の産地偽装、賞味期限の偽装などニセ情報の発信が発覚し、倒産や廃業に追い込まれた企業や店舗も数多くあります。

売れ残りの菓子のラベルを貼り替え、消費期限や賞味期限の表示を偽装したことがバレてメディアの追及を受けます。

この不祥事に対し、「パートの女性たちが独断で行なった」と発表したのちに、この発表もウソだったことがバレた店舗は、廃業しました。

こういった不祥事に対して、その**初期対応**は重要です。

ある家電メーカーでは、石油ファンヒーターの不具合が発覚。一酸化炭素中毒で死亡事故が発生したときの企業側の対応はすばやいものでした。

テレビや新聞での告知を大々的に行ない、引き取り回収や無料点検修理を実施します。その費用は莫大なものになってしまいましたが、もしその事故を隠ぺいしたり、責任逃れの偽装などを行なったときは、その後に発生する損害はもっと膨らんだことでしょう。

情報を改ざんして外に発信する不誠実なスタンスは、大きく信用を失ってしまうことを肝に銘じておきたいものです。

ピンチのときこそ、リーダーは強気たれ

部下の動揺を抑える

ビジネスにおいて想定外の難敵が現れることがあります。経済状況の激変だったり、想定外の災害が襲ったりすることもあります。

そのようなとき、指揮官はどう対処したらいいのでしょうか。

『孫子』はこう言います。

「混乱は秩序から生まれる。臆病は勇敢から生まれる。弱さは強さから生まれる。乱れるか治まるかは軍の態勢の問題である。臆病になるか勇敢になるか、戦いの勢いの問題である。弱くなるか強くなるかは、軍の態勢の問題である」（勢篇）

安定している組織でも、たった一つの出来事で状況が激変します。そんなとき、**組織内の動揺を抑えるのは指揮官の務め**です。

絶望の淵から復活した会社のリーダーシップ

近年、大地震や台風に伴う土砂災害などが日本列島を襲っています。その被害でビジネスの継続が困難になった企業もあります。

田川喜一さん（仮名）の会社も、そんな自然災害に遭遇しました。事務所や併設する工場には土砂が流れ込み、屋根も一部崩れ落ちています。

出張先から急ぎ戻った田川さんは、その変貌ぶりに唖然とします。先に駆けつけた社員たちも茫然自失。座り込んで泣いている者、呆然として立ちすくんでいる者、涙を流しながら廃材を運んでいる者。どの社員にも、（もうこの会社は終わりだ）という絶望感が襲っていたのは一目瞭然でした。

田川さんも、しばらく立ちすくんでいましたが、意を決します。

「みんな聞いてくれ！」

大声を絞り出す田川さんに、社員たちが視線を送ります。

「私たちの会社は、こんなになってしまった。まわりの人たちは、『もうこの会社は終わりだろう』と思うかもしれない。しかし、私は誓う。必ずこの会社を再建してみせる」

再建のメドなどまったくありません。

しかし、田川さんの声を静かに聞いていた社員たちはいっせいに拍手を送ります。

そして、一人二人と立ち上がり、片付け始めました。

泣いている者もいましたが、先ほどのような**悲嘆に暮れた涙ではありません。社長の心強い言葉に感激していた**のです。

ピンチのときの決意表明は、組織の結束を強める

こうして田川さんの会社では、誰ひとり去る者は出てこず、再建への力強い一歩を踏み出し、社員たちの結束はさらに強まったのです。

田川さんの決意表明は、ただ意志を示しただけで再建のメドも立っていません。しかし、社員にその意思を強く訴えることで社員の心は一つにまとまったのです。

孫子課長が補足します。

「田川くんの演説には、たぶんにハッタリの要素もあった。だってその時点では再建のメドなど立っていなかったからな。しかし社長自らが、混乱のなかにあって会社の向かう方向を明確に伝えたことで、社員はひと安心したわけだ。指揮官が部下へしっかりした意志とメッセージを届けることも、重要な情報の伝達なんだよ」

信頼関係のない圧力には、人はついてこない

やっぱり「パワハラ」がダメな理由

兵士を動かすにあたって、そこに信頼関係がなくただ力による統治であってはうまくいきません。

それは、ビジネスの世界でも同じことがいえます。恫喝《どうかつ》や脅迫めいた圧力で部下を動かそうとしても、それは現代では「パワハラ」として扱われ、社会的に非難を浴びます。

かつては営業に過酷なノルマを課し、達成できない社員に圧力をかけるといった光景はよくありました。しかし、社員が居つかずけっしてうまくいくことはないことはご承知のとおりです。

「兵士たちがまだ将軍に馴染んでいないのに懲罰を与えると、兵士たちは心服しない。心服しない兵士たちを動かすことは容易ではない」（行軍篇）

現代の戦争でも、パワハラの国は勝てない

数十年前の戦場でも、兵士たちを力づくで死地に追いやり、多大な犠牲を生んだ作戦がありました。

一九五〇年、北朝鮮軍が38度線を越えたため朝鮮戦争が勃発します。北朝鮮の背後には中国、韓国の背後にはアメリカがあります。アメリカは北朝鮮を押し返し、中国国境まで迫りました。

そこでアメリカの脅威を感じた中国の人民義勇兵二〇万人が参戦します。死をも恐れない人海戦術で双方に多大な犠牲が生じます。

このときの中国の「義勇兵」とは名ばかり。かつて中国内戦で共産党軍に敗れ投降した国民党軍が最前線に送られたのです。その義勇軍の後ろには督戦隊《とくせん》と称する戦車隊などが控え、敵であるアメリカ軍（体面上は国連軍）に突撃を強要します。

突撃しない兵士、逃亡しようとする兵士は、味方であるはずの督戦隊が殺してしまうのです。逃げ場のない義勇軍兵士はやみくもに突撃し、敵味方ともに歴史上まれにみないほどの戦死者を出したのです。

信頼関係を築く前に部下に圧力をかけたら……

ビジネスでも上司からのパワハラや強要によって作業を強いられるのでは、社員の士気は高まりません。

上司は社員とコミュニケーションを図り、士気を高めて作業に臨ませなければなりません。部下が上司を信頼することなく不信感を抱いたままでは、ビジネスもうまくいくものではないのです。

指揮官は常に部下たちの心情を推し量り、また自らも部下たちへ自らの心情を伝えるべきです。

このお互いの心情を伝え合うことなく一度は失敗した経営者が川島育三さん（仮名）です。のちに自ら起業し上場を果たすまでに成功した立志伝中の人物ですが、まだメーカーの営業マンとして活躍していたときのエピソードです。

トップの成績を収めていた川島さんは、ある営業所に所長として赴任します。成績が振るわなかった営業所のテコ入れが目的でした。

川島さんが実際に営業所に赴くと、従業員の士気は低く、やる気が感じられません。そこで、川島さんは営業マンたちに気合を入れようと、週に一度、朝八時半からのミーティング開催を一方的に決めます。もし一人でも遅刻すれば、次回の朝礼は30分早めるというペナルティを課します。

この業務命令は、部下たちの猛反発を食らいます。最初のミーティングに出席した営業マンは六〇人中わずか数人。それでも約束事として次週のミーティングは八時開始。

しかし、出席した営業マンの数は前回と同程度で、その後、ミーティングの開始時間はどんどん早まっていきます。

まだ上司と部下の信頼関係も構築できていないうちに、一方的にミーティングの開催を宣言し、強要した川島さんの誤算でした。部下たちの心情を読み取れず、また部下たちへ自らの考えを伝えることを怠ったツケが回ってきたのです。

ついてこなかった部下たちの心を動かした行動

ところが、事態は一気に好転します。

ミーティングがある冬の朝、川島さんが出社すると営業マン全員がミーティングに参加してきたのです。のちに部下の一人が川島さんに心情を打ち明けます。

「我々は川島所長を誤解していました。川島さんは、これまでの所長とは違う」

川島さんはミーティングの日、開始一時間前に出社し、ストーブに火を入れて部屋を暖めていたのです。毛布にくるまって部下たちの出社を待っていた川島さんの姿を、偶然一人の部下が目撃し、他の営業マンたちに伝えたのです。

これが営業マンたちの心を動かしたのです。

成績が振るわなかった営業所は、みるみるうちによみがえりました。

その後、川島さんは独立して大成功を収めますが、その川島さんの腹心として長く活躍した営業マンは、最後まで早朝ミーティングへの出席を拒んでいた人物でした。

部下への愛情――。これを派手なパフォーマンスで表現する器用さを持ち合わせていなかった川島さんも、**積極的に部下たちとコミュニケーションをとり、お互いの立場や考えを伝え合う**重要性を学んだのです。

「朝鮮戦争で多大な犠牲を生み出した中国の義勇兵のように、パワハラで追いたてられ、仕事を強いられてもうまくいくわけがない。効率だってよくない。しかし、部下とうまくコミュニケーションをとって、士気を高めて自発的に動くようにさせれば、その組織は強靭なものとなるだろう」

上が下を思いやれば、気持ちは通じる

「甘やかし」と「面倒見」の違い

外からの情報がスムーズに入ってくるようにするには、それなりの環境を整えなければなりません。それは上に立つ者の心構え一つで決まります。

常に心をオープンにしているかどうか、その点が問われるところです。それは、部下に対する態度でも同様のことがいえます。

『孫子』では、

「卒を視ること嬰児のごとし」

という言葉を使って次のように説明します。

「将軍が兵士を赤ん坊のように慈しみ、そうすることによって兵士たちは将軍とともに深い谷底のような危険な地にも行けるようになる」（地形篇）

ただ甘やかしてしまうのとは意味合いが違います。甘やかすだけではワガママな子どものようになり、使い物にならないということです。

甘やかされて育った人材は、相手の立場を考えない、いわば「自己チュー」になりがち。そうなると命令にも従わないようになってしまいます。これは別の見方をすると上下のコミュニケーションがうまく機能しないことになります。

部下とうまくコミュニケーションをとるには、普段から面倒見をよくしておく必要があるのです。

人はお金だけではついてこない

かつて三人の仲間と事業を立ち上げた桜井謙一さん（仮名）は、事業を拡大させていったときに生じた問題を振り返ります。

仕事は順調に舞い込み、会社も大きくなっていきました。新しく人を採用していき従業員は三〇人ほどに増えていきます。

切れ者の桜井さんは陣頭指揮をとるなど、常に現場で動き回っていました。

しかし、そこに落とし穴があったのです。

古いタイプの桜井さんは「黙ってオレについてこい」というタイプ。古くからの仲間とはそれでうまくコミュニケーションがとれていましたが、新しく入ってきた社員にはそれが通じません。

桜井さんのまわりを固める古株も桜井さんと同じスタンスをとっていたため、知らず知らずのうちに上下の間に心のかい離が生じていたのです。

桜井さんには「社員には十分に報いている」という思いがありましたが、社員は給与面だけで満足するわけではありません。

少しずつ不満を溜めていった社員たちは一人去り、二人去っていきます。

そして、慢性的な人手不足となり、「黒字倒産」という形でいったんは会社をたたむまでになってしまいました。

「家族的な経営」社長がやっている「面倒見の良さ」の中身

桜井さんと対照的なスタンスをとったのが、衣装デザイン会社を率いる真鍋進さん（仮名）です。

十数人の組織で、真鍋さんは**「家族的な経営」**を標榜します。

その象徴が、社員の誕生会です。

社員の誕生日当日か前後に社員とその家族を自宅に招き、誕生パーティを催すのです。真鍋夫人は手料理を振る舞い、社員の奥さんには「日頃の感謝」の印として金一封を渡します。

それだけではありません。社員の奥さんの誕生日には、自宅に花束と真鍋さん直筆のお祝いメッセージを届けるのです。

こうすることによって、社員と真鍋さんのコミュニケーションがうまく機能します。

時には**社員の個人的な悩みの相談にも乗ります**。真鍋さんはそこまで頼りにされる存在だったのです。

こんな事件もありました。

中堅社員・鈴木伸介さん（仮名）の奥さんから「夫が家にお金を入れてくれない」と相談を受けました。聞けば鈴木さんはスナックのママに入れあげ、そこにお金をつぎ込んでいるというのです。

真鍋さんは、家庭内のトラブルには介入しないという基本方針を持っていましたが、（このままでは、鈴木がダメになる）と判断。奥さんと一計を案じます。

奥さんが新たに銀行口座をつくり、給与の振込先を変更したのです。

鈴木さんが経理担当者に問い合わせしたのに合わせ、真鍋さんが鈴木さんを呼び出します。

そして、ただひと言「いや、奥さんからの要望で、振込先を変えただけだよ」と言い、じっと鈴木さんの目を見つめます。

鈴木さんはハッとします。何も言わずその場を立ち去り、その生活態度を改めました。

普段からコミュニケーションをとっているからこそ、鈴木さんは社長が自分のことを心配してくれていることに思い至ったのです。

愛情はアピールしないと、相手に伝わらない

「大事にしている思い」は言動で発信

人と人は、たとえ親しい間柄でも、時には**「お前を信じている」**とアピールすることが重要です。

「長年連れ添った夫婦でも、特に男は女に対し、時には愛情を強くアピールしなければならない。言葉でもいいし、プレゼントするといった行為でも

いい。そうしないと知らず知らずのうちに夫婦間に溝ができてしまうもんじゃ。これはビジネスにおける人間関係も同じなんじゃ」

部下を抱える会社経営者や管理職は、部下の生活について責任を負っているという自覚が必要です。そのためには愛情を持って接し、面倒を見なければなりません。それによって部下も上司に対し信頼感を抱き、上下一体となってビジネスに取り組むことができるのです。

これは、部下に対してだけではありません。取引先やお客様など、対人関係においても相手を大事に思い、丁寧な付き合い方をすれば、その関係は至宝となるでしょう。

「将軍が兵士を赤ん坊のように慈しみ、そうすることによって兵士たちは将軍とともに深い谷底のような危険な地にも行けるようになる」（地形篇）

誠意は口先だけでは伝わらない

口先だけで、「常に社員のことを思っている」などと言われても、その言葉は相手の心に響くものではありません。

どうやって相手に誠意を見せるか、そのアピールも重要なのです。

パートを含めて従業員二〇〇人ほどの衣料メーカーの相沢徹社長（仮名）は、社員、パートの顔と名前をすべて覚えているだけでなく、誕生日までも把握しています。

この会社は、**従業員だけでなくその配偶者と子どもの誕生日を「ノー残業デー」に指定し、金一封**を渡します。家族を大事にしようという相沢さんの思いです。その金一封の封筒には、必ず社長の**手書きのメッセージ**が添えられているのです。

相沢さんは従業員にも気さくに声をかけます。

「〇〇さん、お嬢ちゃん、こんど幼稚園ですね」

「〇〇さん、お子さんの高校卒業、おめでとうございます」

声をかけられた社員も、「社長にここまで、自分のことを知っていただけているなんて」と誰もが感激します。社内の士気は高まり、業績も悪くないということです。

相手の承認欲求を満たす秘策

この相沢さんのように手書きの手紙で相手を感激させる成功者は多いようです。特にインターネット全盛時代には効果的なのでしょう。

パーティなどで初めて会った人に後日、手紙を送って相手の心をつかむやり方は、それほど珍しくありません。

ところが、誰もが知っている商品のメーカーで上場企業のある社長のテクニックは、ちょっと変わっています。

その社長から**直筆の手紙が届くのは、なんと一年後**です。

もし、「出会って相手と親しくなるには」といったマニュアルがあるとすれば、せいぜい三日以内に相手にコンタクトを取れと書いてあるでしょう。

しかし、一年後に届いた手紙には、

「一年前の今日、○○のパーティでお目にかかりました」

という書き出しのあと、当時の会合の模様や会話の内容まで詳細に記されているのです。

人間には誰にも**「承認欲求」**という、相手から存在を認めて欲しいという欲求があります。その心理を巧みについているという他ありません。

いずれにしろ、著名な会社の社長から直々に手紙をもらってうれしくない人はまずいないでしょう。

「私はあなたのことを思っています」

このメッセージを相手にアピールすることは大切です。

それも孫子がしばしば指摘するように、意表をついたところでのアピールだけに効果は倍増です。

あえて自分の動きを見せつけて、相手をコントロールする

たとえば、出店戦略の場合

戦場においては、自らの動きや意図するところを敵に悟られないようにするものです。

たとえば、151ページで紹介したA社のように、最後の最後まで新事業に参入することを秘匿し、ライバルの妨害を防ぐことができました。

ところが、自軍の動きを堂々とライバルに見せつけて、相手をコントロールする戦

術もあるのです。

次のケースは、実例をもとに、わかりやすくストーリーをまとめたものです。

大手家電量販店が次々と大型店舗を出店しています。そのなかの一つであるA社がある県に出店を考えています。候補は中心二大都市の甲市と乙市。

ところが、ライバルのB社もそのA社の動向を察知して、同じ県内への出店を検討している様子です。

A社は綿密なマーケティング調査を開始します。

自社（A社）とライバルB社が、それぞれ甲市と乙市に出店したときの売上を計算してみました。

【A社B社ともに甲市に出店】
↓A社……2・4億円、B社……1・4億円
【A社B社ともに乙市に出店】
↓A社……2・9億円、B社……2・1億円

A社とB社が同じ都市で競合したときは、両者は売上を食い合う結果となります。それぞれの会社が別の市に出店した場合は、

【A社が甲市、B社が乙市に出店】
↓A社……4・1億円、B社4・2億円
【A社が乙市、B社が甲市に出店】
↓A社……4・9億円、B社3・1億円

以上のようなシミュレーションが描かれました。
(ちなみに以上の結果を表にまとめたのが次ページの図です。これを**利得表**といいます)

A社は決断を迫られます。乙市に単独で出店するのが一番ベストです(売上4・9億円)。ただし、B社と競合するくらいなら、単独で甲市に出店したほうが利益は大きくなります(売上4・1億円)。

このとき、A社は、ライバルB社の情報を集めて判断するというやり方もあります。

情報戦のメカニズム（例：出店戦略）

（単位：億円）

A社＼B社	甲市	乙市
甲市	（2.4 ／ 1.4）	（4.1 ／ 4.2）
乙市	（4.9 ／ 3.1）	（2.9 ／ 2.1）

A社が「乙市に出店する」と宣言

↓

B社は甲市（A社 4.9億円、B社 3.1億円）か、
乙市（A社 2.9億円、B社 2.1億円）
のどちらからの選択を迫られる

↓

B社は甲市を選択

あえて戦略を公開して、相手に決断を迫る

しかし、それとは別に、

「A社は乙市に出店します」

と宣言してしまう方法もあります。

151ページの例のように徹底的に秘密を守り通す戦術とは真逆です。自らの情報、戦略をおおっぴらにしてしまうのです。

こうなると、決断を迫られるのはB社です。

「甲市に出店。3・1億円の売上」

「乙市に出店。2・1億円の売上」

もしA社と同じ県に出店するとしたら、このうちの一つから選択することになります。経済的合理性からB社は甲市に出店を決意、結果的にA社が勝利を収めることになったのです。

いわば、**先手必勝。**A社が「乙市に出店する」と退路を断った形で決意表明したことにより、B社へ譲歩を迫ったわけです。

これは、**「ゲーム理論」でいう「コミットメント」**という戦術です。

ゲーム理論と孫子

コミットメントという英単語を日本語に訳すと、「約束」「義務」「責務」といった意味になります。**自らの強い意志を示すことでライバル側の譲歩を引き出し、有利な展開に持ち込む**のです。

ただし、これは机上の計算であって、人間の感情までは計算できません。A社B社の売上は短期的なもので、長期的な経営戦略までは考慮に入れていません。

また、競合を避けたことで「B社はA社との対決から逃げた」と対外的にマイナスのイメージを与えかねません。B社内の士気に悪影響を与えることでしょう。

さらに、B社の社長が経済的な合理性を捨てて、A社への強い敵愾心で向かってこないとも限りません。

いわば、意地の張り合いで消耗戦を挑んでくるかもしれないのです。

A社としては、コミットメントする前に、B社のそういった事情も推測しながら、判断しなければなりません。

『孫子』ではこのコミットメントのことを、

「巧みに戦いに臨む者は、敵を自分の有利なように動かし、けっして自分が敵の思うままに動かされたりはしない」（虚実篇）

という言い方で教えています。

孫子課長が解説します。

「たとえ弱者の立場にあっても、謀略によって相手をコントロールできるのだ。それこそ計篇にあるように『兵は詭道なり』。敵には実際には遠いのに近いと思わせ、近いときは遠いように思わせるのが戦略なんだ」

難敵に戦わずして勝つ方法

敵の城への攻撃は、最終手段

繰り返しますが、『孫子』は戦う前に勝利を収めることを目指します。

つまり、「戦わずして勝つ」。**敵の戦力を削ぎ、策謀を未然に防ぐ**ことを上策とします。

避けたいのは、強大な軍隊と真正面から戦うこと。

そして、

「最も避けなければならないのは、敵の城を攻撃すること」（謀攻篇）

野戦で敵と戦うより、防御が固い城を攻めるのは、労力が重くなり自軍の損害も大きくなります。

「城を攻めるという戦術は、他に手段がなくやむを得ず行なう。櫓《おおだて》や装甲戦車を整え、城攻めを準備するには三カ月もかかる。指揮官が待ちきれずに攻めたりすれば、味方の兵士の三分の一を戦死させても城は陥落しない」（謀攻篇）

「強大な敵を前に、知略を張り巡らして、戦力を温存しながら勝利を収めることを目指すべきなのだよ」

風評被害、ネット炎上という難敵にうまく対応する2つの方法

企業を取り巻く敵は、何もライバル企業だけではありません。

風評被害やネット上の中傷。企業の対応の拙《つたな》さによるネット上での「炎上」などがあります。こういった事態に対応がまずければますます企業イメージが悪くなったりするものです。かといって、まともに対応していたら多大なコストを強いられることになりかねません。

まだインターネットがなかった時代のこと。

大手ハンバーガーチェーンA社は、とんでもないデマに苦しめられます。

「A社のハンバーガーは牛肉でない原材料を使っている」というデマが流されました。あるときはミミズを使っているとか、古くは犬の肉を使っているなどというデマなどです。こういった風評被害を払しょくするために企業は、「A社のハンバーガーは牛肉一〇〇%」というテレビコマーシャルを流し続けることとなります。そのコストは

膨大なものとなったのです。

こうした敵には、なかなか立ち向かうことはできないと思われがちです。

しかし、それにうまく対応した企業のトップがいます。

女性下着を中心に製造。販売するワコールの創業者・塚本幸一氏は一代で上場企業にまで自社を育てあげます。

しかし、その足取りは、けっして順風満帆ではありませんでした。

特に昭和四〇年代後半にワコールは大きな危機を迎えます。

原因は、アメリカで巻き起こった「ウーマンリブ運動」。

この女性解放運動は先進国を中心に広まり、日本にも波及します。

このウーマンリブ運動に、「女性の体を締めつけるブラジャーを身につけるな」という主張がありました。

女性下着が主力のワコールには大きな痛手です。業績はたちまち落ち込みます。もし前に紹介したA社のようにテレビコマーシャルなどで対抗したところで、莫大なコストに見合うだけの効果が得られたかどうか。相手は一般大衆がつくり出す「世論」のようなものです。

その内容が正しいかどうかは関係なく、強大な敵であることには違いない。反論すれば、猛烈な反発を買うことが予想できます。

では、塚本さんはこの難局をどう乗り越えたか。

ウーマンリブ運動の「ノーブラ宣言」にひっかけて「ノーブラブラ」という新製品のブラジャーを開発、売り出したのです。

これは、「ブラジャーをつけていても、していないように見せるブラジャー」という商品でした。**難敵だった「ノーブラ運動」を逆手にとって利用しての情報発信**で、ワコールは業績を回復させることに成功したのです。

「大衆を甘く見てはいかん。一人ひとりの力は弱くても、集団となって大きな『塊』となれば、大きなパワーを持つ。そしてその発する情報にも大きなパワーが潜む。

そのパワーにまともに立ち向かうのではなく、うまく受け流すか、逆利用するかが成功のポイントといえるだろうな」

時には「ハッタリ」をかまして、相手をコントロールする

状況を操り、消耗戦を避ける

戦争においてもビジネスにおいても、敵味方の情報を的確に把握することが成功への近道といえます。

逆にいえば、敵（ライバル）をうまくコントロールして、自分の思いどおりに操ることが肝要となってくるのです。

この点について『孫子』では、次のように喝破しています。

「兵は詭道なり」（計篇）

つまり、戦争（＝ビジネス）はダマし合いだと。

そして次のように続けます。


「本当は可能なことも不可能のように見せかけ、必要なものでも不要のように見せかけろ。実際は目的地に近いのに、相手に対しては遠く離れているように思わせ、逆に遠いときには近いように思わせろ」（計篇）

ダマし合いといっても、法に触れるような詐欺を行なうわけではありません。

『孫子』の戦わずして勝つという精神から、まともに戦い合ってお互い消耗するような事態はできるだけ避けなければなりません。

状況を「操り」、できるだけ自らの利益を最大限に上げるようにするべきなのです。

人間関係においてもできるだけ無用な摩擦は避けたいものです。

めんどくさい上司との上手な付き合い方

新入社員の安武惣一さん（仮名）の上司・児島健一さん（仮名）は、いわゆる粘着質なタイプでした。細かい仕草にまで口を出すほど。どう見ても不要な雑務で長時間の残業を強いる、今ならパワハラと受け取られかねない行動など当たり前。それを正当な社員教育と思っているようなので始末に負えません。

安武さんは精神的にも参っていました。

社内でくつろげる場所は、トイレのなかだけという状況。ところが、安武さんのトイレタイムに合わせて、安武さんを監視する立場の児島さんがトイレまでついてきているふしがあったのです。

精神的にノイローゼ気味の安武さんの思い込みかもしれませんし、児島さんを擁護する社員からは、「少しでもコミュニケーションをとろうというスタンスだ」という声も上がっていましたが、安武さんは心休まる場所すらなくなっていると感じていました。

そんな安武さんは、他の社員と顔を合わせなくて済む場所を見つけます。それは、安武さんのフロアとは違う上階のトイレです。上階は重役の部屋です。広々としたトイレなのに、重役の数は圧倒的に少なくゆったり使えたのです。

重役専用のトイレは、平社員は使ってはならないという不文律はあったものの、別に監視役がいるわけでもなく、人目を忍んではこっそり重役専用のトイレを使うのが日課となっていました。

ある日、安武さんが児島さんと昼食をとった帰りのことです。次期社長と噂される専務とすれ違ったときのことです。「天皇」の異名を取る専務など、安武さんや児島さんにとっては雲の上の存在です。

児島さんは軽く頭を下げてすれ違おうとしたそのとき、安武さんは「あ、どうも」と声をかけたのです。

児島さんは、安武さんの行動に度肝を抜かれましたが、さらに驚いたのが専務の反応です。

ただ専務は「お、おう」と会釈を返しただけですが、児島さんの心には（安武のやつ、専務とつながりがあるのか）と疑心暗鬼が生じます。

（そういえば、安武がランチのあと、エレベータでみんなと同じフロアで下りないで、そのまま上のフロアまで行くことがたまにあるというウワサを聞いたことがある……）

そして、児島さんは安武さんに「お前、専務を知っているのか」と問い詰めました。

「え、ええ、まあ」と返事を濁す安武さん。

重役専用のトイレを使っていることがバレたらまた叱られるのが目に見えていたからです。

しかし、この「事件」が思わぬ福音を安武さんにもたらします。

それ以来、執拗《しつよう》な嫌がらせとしか思えなかった児島さんの「社員教育」がぴたりと止んだのです。

安武さんの行動は別に意図があったわけではなく偶然の産物でしたが、安武さんはこの一件を最大限に活用したのです。

孫子課長が解説します。

「児島の心をうまくコントロールできたのは、まさに偶然が作用したわけだが、安武がうまくとぼけて見せたのも成功の秘訣といえる。

ただこういった権力を背景にした〝ハッタリ〟はバレてしまうと悲惨な結果を招きかねない。

その後、安武と上司の関係がどうなったかわからないが、うまく上司のパワハラを押さえ続けたければ、専務との関係を上手に保つことだな。

ただ、それもやりすぎると反感を招きかねないので、ほどほどにするべきではあるが。ひけらかさず、あくまで匂わす程度にとどめることだな」

リーダーは、ピンチのときこそ、ドッシリと構える

リーダーの弱音は、部下の気力を奪う

およそ指揮官たる者は悠然と構え、部下たちに不安感を与えないようにします。特に危機に際して指揮官が慌てふためいていては、部下たちが動揺し士気が衰え、組織が機能しなくなります。

一例を挙げると――。

明治時代。対ロシア戦直前に、極寒の地での戦いを想定して雪山での行軍演習が行なわれましたが、あまりの荒天に多くの遭難者を出した事件がありました。

映画化もされたこの事件は、「八甲田山・死の彷徨」と呼ばれています。

雪山で遭難し、部隊の隊長は絶望感のあまり、**「天は我々を見放したらしい」**と絶叫。それまで上官を信じ、ついてきた兵士たちはバタバタと倒れ、そのまま還らぬ人となりました。

「生き抜く」という気力を奪ってしまったのです。

部下の動揺を抑えることに注力する

これとは逆の事例として、江戸時代の武士の心得を記した書物『葉隠』から一つのエピソードを紹介します。

ある城下で夜、火事が発生します。家臣たちの間に

「謀反が起こったのではないか」

と動揺が走ります。

その様子を見た殿様は高台に上り、家臣たちに伝えます。

「あの火の手の上がり方は、謀反ではない」

謀反による火付けと単なる火災の区別がつくものかどうか。この殿様は、**家臣たちの動揺を抑えるために、不確かなことでも断定した言い方をした**のでしょう。

人は不利なときのほうが力を発揮する

危機に際して、慌てふためくのは下の下ですが、逆に部下たちに危機感を与えるやり方もあるようです。

「兵士たちは、あまりにも危険な状況に直面すると、もはや危険を恐れなくなる。どこにも行き場がないとわかると、決死の覚悟が固まる。敵の領土内に深く入り込んでしまうと、団結する。窮地に追いつめられてしまうと、奮戦する」（九地篇）

経営が苦しくなった会社社長の篠田壮一郎さん（仮名）は、ある決断をします。

（これまでたとえ経営が苦しくても、社員の前では、そのことを微塵も感じさせないようにしてきた……。しかし、それでよかったのだろうか。社員にはいつも将来に向けての前向きな話ばかりをして夢を与えてきたが、今はこの苦境を分かち合ってもらうときじゃないか……）

そう決意した篠田さんは、苦しい胸の内を社員にすべて明かしました。

「銀行から厳しい要求が来ている。はっきり言って、今のままの状況が続けば、年末のボーナスは出ないかもしれない。いや、一年後に会社があるかどうかもわからない状況だ。覚悟だけはしておいてくれ」

やがて一人二人と去っていく者が続出します。

（これも致し方ないこと……）

と覚悟はしていたものの、寂しさは隠せません。篠田さんにとってショックだったのは、創業以来片腕として活躍し、（こいつだけは最後までついてきてくれる）と信じていた腹心が離脱したことでした。

死地に追い込み、ダメ社員たちが奮起

社長は改めて決意します。

「仕方がない。たとえ事業規模は縮小してでも、残った社員だけでやれるだけやろう」

そうは言っても、デキる社員ほど会社を去ってしまい、残ったのはどちらかといえば「お荷物」社員ばかり……。

ところが、そのお荷物とばかり思っていた社員たちが、奮闘し始めたのです。

それまでデキる社員たちがやっていたところへ、「ようやくオレたちの出番が来た」と思うようになったのか。それとも危機感に煽られたのか。

営業には向きそうにないと思い、内勤にしていた社員が、意外にも営業で力を発揮し、また、ある社員は、会社のホームページを自ら進んでつくり直し、さらに英語バージョンまで作成してしまいます。

こうして一丸となった社員の活躍で、会社の危機は去っていったのです。

孫子課長が解説します。

「『退路を断つ』のあとで社員が奮起したということだな。まさに『背水の陣』ということだ。

背水の陣の語源となったのは、『孫子』の後の時代の三国志の時代なんじゃ。兵士の数で劣る漢軍は、常識ではありえない川を背に布陣したのじゃ。逃げ場がないと知った漢の兵士たちは死にもの狂いで奮戦し、なんとか勝利を収めた。このときの指揮官も、古の『兵士を死地に陥れて、死中に活を求める』策を採ったわけじゃ。

篠田社長も、結果的に社員を死地に追い込み、奮闘を促して成功したわけだ」

おわりに

最後までお読みいただき、まずは感謝します。

いかがでしたか。「孫子の兵法」のエッセンスを多少なりとも汲み取っていただけたでしょうか。

「はじめに」でもお伝えしたとおり、**「孫子の兵法」の全原文および私が訳した全訳（PDFファイル）を無料プレゼント**としてご用意しました。詳細は本書巻末ページをご覧いただき、**http://frstp.jp/sonshi** よりダウンロードしてください。

お気づきのことと思いますが、本書で取り上げた事例において、そこに登場する方々が「孫子の兵法」について学び活用していたとは限りません。それどころか「孫子の兵法」すら知らない人がほとんどだと思います。それでも本書で紹介できたのは、「孫子の兵法」が、戦争のみならず、ビジネス現場や恋愛、スポーツはギャンブルなどあらゆる競争の局面で応用できることを示しているのです。

つまり、意識する、しないにかかわらず、**成功法則には何かしら「孫子の兵法」が絡む**ということです。

これらの競争や行為は、すべて人間によって行なわれるもの。「孫子の兵法」はその**人間の心理の機微を見事にとらえている**のです。

人間は生まれてから死ぬまであらゆる局面で競争にさらされているといっても過言ではありません。そのあらゆる競争の局面で「孫子の兵法」を活用できるわけです。

少子高齢化が進み、発展途上国から追い上げられている日本の社会において、ますます生き残り競争が激しくなることが予想されます。**「相手を打ち負かす」のではなく、「負けない強い自分」「生き残る体力と知恵」を身につける**ことが求められてくるでしょう。筆者は「孫子の兵法」が、そのための力になってくれると信じています。

ご縁があって本書を取っていただいた読者の方には、仕事をはじめとする人生のさまざまな局面で活用していただき、成功者として幸せな人生を送っていただきたいと願うばかりです。

二〇一九年四月

現代ビジネス兵法研究会　安恒　理

【著者プロフィール】
安恒　理（やすつね・おさむ）
現代ビジネス兵法研究会代表。
1959年生まれ。大学卒業後、出版社勤務。ビジネス雑誌の編集を15年間務め、多くの経営者やビジネスマンを取材する。フリーとして独立後、「現代ビジネス兵法研究会」を設立。同会は、ビジネスの成功法則を「孫子の兵法」の視点から研究・分析を行なっている。会社経営者、銀行マン、商社マン、弁護士、公認会計士、編集者、ファイナンシャルプランナー、学生、主婦など、会員はさまざま。著書に、ベストセラー『なるほど！「孫子の兵法」がイチからわかる本』（現代ビジネス兵法研究会名義）をはじめとする孫子関連本のほか、『いちばんカンタン！ 株の超入門書』などのビジネス書、政治・経済関連書多数。

もし孫子が
現代のビジネスマンだったら

2019年5月18日　初版発行

著　者　安恒　理
発行者　太田　宏
発行所　フォレスト出版株式会社
〒162-0824 東京都新宿区揚場町2-18　白宝ビル5F
電話　03-5229-5750（営業）
03-5229-5757（編集）
URL　http://www.forestpub.co.jp

印刷・製本　萩原印刷株式会社

ISBN978-4-86680-034-9　Printed in Japan

もし孫子が
現代のビジネスマン
だったら

読者の方に無料
特別プレゼント

『孫子の兵法』
全原文&全訳

（PDF ファイル）

著者・安恒 理さんより

本書のベースとなっている『孫子の兵法』の全原文および全訳を特別プレゼントとしてご用意しました。本書をきっかけに『孫子の兵法』をさらに知りたい、深堀りしたいという方におすすめの原稿です。全訳は著者の安恒さんによるものです。ぜひダウンロードして、あなたのビジネスや人生にお役立てください。

特別プレゼントはこちらから無料ダウンロードできます↓

http://frstp.jp/sonshi

※特別プレゼントは Web 上で公開するものであり、小冊子・DVD などをお送りするものではありません。
※上記無料プレゼントのご提供は予告なく終了となる場合がございます。あらかじめご了承ください。